Cursor
カーソル

完全入門

リブロワークス 著

エンジニア＆Webクリエイターの
生産性がアップする
AIコードエディターの操り方

インプレス

●購入者特典のご案内

ご購入いただいた方限定で、本書のPDF版をダウンロードにて提供いたします。以下のURLの特典ボタンからご利用いただけます。なお、特典のご利用には弊社の読者向け会員サービスCLUB Impressへの会員登録（無料）が必要です。

https://book.impress.co.jp/books/1124101125

- ●本書の内容は、2025年3月時点の情報をもとに構成しています。
- ●本書の発行後にソフトウェアの機能や操作方法、画面などが変更された場合、本書の掲載内容通りに操作できなくなる可能性があります。本書発行後の情報については、弊社のWebページ（https://book.impress.co.jp/）などで可能な限りお知らせいたしますが、すべての情報の即時掲載および確実な解決をお約束することはできかねます。また本書の運用により生じる、直接的、または間接的な損害について、著者および弊社では一切の責任を負いかねます。あらかじめご理解、ご了承ください。
- ●本書発行後に仕様が変更されたハードウェア、ソフトウェア、サービスの内容などに関するご質問にはお答えできない場合があります。該当書籍の奥付に記載されている初版発行日から3年が経過した場合、もしくは該当書籍で紹介している製品やサービスについて提供会社によるサポートが終了した場合は、ご質問にお答えしかねる場合があります。また、以下のご質問にはお答えできませんのでご了承ください。
- ・書籍に掲載している手順以外のご質問
- ・ハードウェア、ソフトウェア、サービス自体の不具合に関するご質問

本書に記載されている会社名、製品名、サービス名は、一般に各開発メーカーおよびサービス提供元の登録商標または商標です。なお、本文中には™および®マークは明記していません。

はじめに

「Cursor」というツールをご存知でしょうか？ プログラミングやWeb制作に携わっており、AI技術に興味や関心のある方でしたら、ご存知の方も多いかもしれません。

近年のAI技術の目覚ましい進歩により、AIを活用したものやサービスなどが生活にも浸透しつつあります。AIといえば、少し前までは「まだ人間の能力の域には及ばない」「ウソを平気でつく」といったイメージが先行し、実用化までは今一歩といった状況でした。しかし、ものによってはそのような状況からも脱却しつつあり、実用的な利用もかなり広まってきています。

こうしたAI活用の波は、プログラマーやWebクリエイターといったITエンジニアにとっても無関係ではありません。多くのITエンジニアにとって今や定番となったVisual Studio Code（以降VS Code）では、生成AIを利用したプログラミング支援機能であるGitHub Copilotとの連携が可能となり、プログラミング体験が進化しました。

本書が解説する「Cursor」は、こうしたAI活用の流れの中で登場しました。Cursorは、Anysphere社が開発するAIテキストエディターで、ChatGPTを開発・提供するOpenAIからも開発資金の出資を受けています。VS Codeをフォーク（プログラムのソースコードのまとまりをコピーすること）して、それをベースに開発されているため、VS Codeのよいところをほぼ完全に引き継いでいるという特徴があります。

それに加えてCursorでは、コードの生成やコーディングの補助、エラーの分析から解決までのアシストなど、コーディングのプロセスのあらゆる段階でAIが補佐をしてくれます。さらにプロジェクトに含まれるコード全体の考慮や、外部のドキュメントを参照など、従来人間がみずから行わなければならなかった作業や確認を行ってもらうこともできるのです。

本書では、VS Codeから引き継がれたテキストエディターとしての基本的な使い方を軸に、Cursor独自のAI機能の使い方を盛り込んで、手順を図解で丁寧に説明しています。エディターのカスタマイズ方法や、AI機能の使い方や使いどころなどを、操作の手順とともに解説しているため、迷わずに操作することができます。

各CHAPTERの構成は、CHAPTER1でCursorのインストールやアカウント作成の方法などの導入から始まり、CHAPTER2、3でエディターとしての基本的な操作方法や機能、カスタマイズ方法の解説が続きます。CHAPTER4、5では、簡単なWebページの制作やAIチャットボットの開発を題材として、CursorのAI機能の使い方を紹介しています。ほとんど自分でコードを打ち込むことなく完成する開発体験を、ぜひ味わってみてください。CHAPTER6では、いまやバージョン管理の定番、GitやGitHubをCursorから使う方法についても紹介しています。

CHAPTER1　Cursorを導入しよう
CHAPTER2　基本的なファイル編集をしてみよう
CHAPTER3　設定とカスタマイズを理解しよう
CHAPTER4　Web制作を行おう
CHAPTER5　AIチャットボットを作ろう〜Cursorのより便利な使い方を学ぶ〜
CHAPTER6　CursorからGitを使ってみよう

本書の内容を理解し身につけ、AIとともに開発することで、皆さんの業務の効率が大きく向上する助けになれば幸いです。

CONTENTS

はじめに ………………………………………………………………………………… 3

CHAPTER 1　Cursorを導入しよう

01　コーディングの生産性を向上させるCursor ……………………… 12
　AIによる強力なアシスト ……………………………………………… 12
　CursorとGitHub Copilotの違い …………………………………… 13
　Cursorの利用プラン …………………………………………………… 14
　生成AIサービスを使用する …………………………………………… 15

02　Cursorをインストールする ………………………………………… 16
　Webサイトからダウンロード ………………………………………… 16
　インストール手順 ……………………………………………………… 16
　アカウントの作成 ……………………………………………………… 18
　Proプランへの登録 …………………………………………………… 21

03　初期設定を行う ……………………………………………………… 24
　Cursorの画面を日本語表示にする …………………………………… 24
　コマンドパレットから表示言語を切り替える ……………………… 26
　設定画面を開く ………………………………………………………… 27
　入力内容に関する設定 ………………………………………………… 29

04　Cursorの画面構成 …………………………………………………… 30
　画面の6つの領域 ……………………………………………………… 30
　アクティビティバー …………………………………………………… 31
　サイドバー ……………………………………………………………… 31
　エディター ……………………………………………………………… 32
　AIペイン ………………………………………………………………… 36
　MiniMapでファイル全体を確認 ……………………………………… 36
　Zenモードでファイル編集に集中 …………………………………… 37

05　ステータスバーでファイルの設定を行う ………………………… 38
　ステータスバーに表示される情報 …………………………………… 38
　文字コードを指定してファイルを開く／保存する ………………… 38
　インデントの方法を変更する ………………………………………… 39

06　コーディングをサポートするCursor独自の機能 ………………… 41
　AI機能の概要 …………………………………………………………… 41

CHAPTER 2 基本的なファイル編集をしてみよう

01 フォルダーやファイルを開いて編集する ... 46
- フォルダーを開く ... 46
- フォルダー内のファイルを開く ... 47
- 「開いているエディター」を表示させる ... 49
- 新しいファイルを作成する ... 49
- 直前に編集していたフォルダーを再度開く ... 51
- フォルダーとファイルに関するその他の操作 ... 52

02 ワークスペースで複数のフォルダーを開く ... 54
- ワークスペースで複数のフォルダーを1つにまとめる ... 54
- ワークスペースを保存する ... 56
- 保存したワークスペースをもう一度開く ... 57

03 テキスト編集に役立つ必須テクニック ... 58
- 選択範囲を追加してまとめて編集する ... 58
- 行単位でテキストを編集する ... 59
- カーソルを複数の箇所におく ... 61
- ファイルの内容を比較 ... 64
- 矩形選択でインデントを維持したまま編集 ... 65

04 Markdownファイルを編集する ... 66
- Markdown記法で手軽にテキストを構造化する ... 66
- Markdownファイルを作成してプレビューを表示する ... 67
- 文字の強調やリストやテーブルをMarkdown記法で表現する ... 68
- 画像を表示する ... 71

05 検索・置換を使いこなす ... 72
- 1ファイルの中で検索・置換する ... 72
- 検索ビューで複数のファイルからまとめて検索 ... 73
- ファイルを横断して文字列を置換 ... 74
- 検索・置換の対象にするファイルを絞り込む ... 76
- 正規表現を使って検索する ... 76

06 Cursorの基本的なAI機能 ... 78
- フォルダ内のファイルや外部の情報などを参照する ... 78
- プロンプトの実行前の状態に戻す ... 78
- 言語モデルを変更する ... 79
- 画像をプロンプトに追加する ... 79
- BUG FINDERで潜在的なバグを発見してもらう ... 80

CHAPTER 3 設定とカスタマイズを理解しよう

01 Cursorでどんなことができるか検索する ……… 82
　コマンドパレットを使う ……… 82
　よく使うコマンド ……… 84

02 Cursorを自分好みにカスタマイズする ……… 86
　おすすめの設定項目 ……… 86
　文字の見た目を変更する ……… 86
　行番号の表示方法を変更する ……… 90
　ファイルを自動保存する ……… 92
　カラーテーマを変更する ……… 93

03 ワークスペースごとに設定を切り替える ……… 94
　Cursorにおける「設定」について ……… 94
　ユーザー設定とは ……… 94
　ワークスペース設定を開く方法 ……… 95
　フォルダー設定を開く方法 ……… 96
　3つの設定の関係と優先度 ……… 98
　ワークスペースごとにカラーテーマを変えてみる ……… 99

04 JSONファイルから高度な設定を行う ……… 102
　JSONとは ……… 102
　設定画面とsettings.jsonの関係 ……… 103
　settings.jsonの編集方法 ……… 105
　settings.jsonの編集に関する便利な機能 ……… 109

05 定番の操作をショートカットキーに登録する ……… 112
　ショートカット一覧を調べる ……… 112
　オリジナルのショートカットを設定する ……… 113

06 拡張機能を導入する ……… 116
　拡張機能とは ……… 116
　拡張機能のインストール方法 ……… 116
　拡張機能のレコメンド ……… 119

07 拡張機能を管理する ……… 120
　拡張機能を無効化・アンインストールする ……… 120
　再起動が必要になる場合 ……… 121
　拡張機能を更新する ……… 121
　拡張機能についての注意事項 ……… 122

CHAPTER 4　Web制作を行おう

01　作成中のWebページの確認をしやすくする ……………………… 124
　Live Serverで簡易ローカルサーバーを構築 ……………… 124
　ライブリロードでブラウザを自動再読み込み ……………… 125
　ローカルサーバーを停止する ………………………………… 127

02　AIにたたき台を作ってもらおう ……………………………………… 128
　たたき台を作ってもらう ……………………………………… 128
　生成をやり直す ………………………………………………… 130

03　AIに完成度を高めてもらおう ………………………………………… 132
　プロンプトでコードを修正する ……………………………… 132
　Command K機能でコードを修正する ……………………… 134
　Cursor Tabでコードを逐次生成する ……………………… 136

04　AIにアドバイスをもらおう …………………………………………… 138
　@Symbolsでコード規約を参照できるようにする ………… 138
　コードの改善点やコード規約を守れているかの確認を依頼する … 139

05　HTMLやCSS編集に役立つ標準機能 ……………………………… 142
　EmmetでWebページの雛形を一瞬で作成 ………………… 142
　Emmet：HTMLタグを追加 …………………………………… 143
　Emmet：複数の要素を一度に追加 …………………………… 145
　カラーピッカーで色を選択する ……………………………… 147

06　コードを整形する ……………………………………………………… 148
　Prettierを使ってコードをフォーマット …………………… 148
　フォーマットの設定を変更する ……………………………… 150
　設定ファイルを作成する ……………………………………… 150
　言語ごとにフォーマットの設定を変える …………………… 151
　フォーマットを行わないファイルを指定する ……………… 152
　ファイル保存時に自動でフォーマットを行う ……………… 153
　Fix Lintsでコードの品質を上げる …………………………… 154

07　CSSとHTMLを自在に行き来する ………………………………… 156
　CSS PeekでCSSファイルでの定義をピーク表示 ………… 156
　CSSファイルの定義部分に素早く移動 ……………………… 158
　CSSの定義内容をホバー表示 ………………………………… 159

08　エディター上で画像をプレビューする ……………………………… 160
　Image previewで画像をサムネイル表示 …………………… 160
　画像ファイルのパスからプレビュー表示 …………………… 161

画像プレビューの最大サイズを変更する······ 162
09 コード入力に役立つ機能 ······ 164
　Auto Rename Tagで終了タグも自動で修正 ······ 164
　HTML CSS SupportでCSSクラスを入力補完 ······ 165

[CHAPTER 5] AIチャットボットを作ろう
〜Cursorのより便利な使い方を学ぶ〜

01 AIにたたき台を作ってもらおう ······ 168
　AIチャットボットのたたき台を作成する ······ 168
　アプリを動かしてみよう ······ 170

02 AIに完成度を高めてもらおう ······ 175
　Composerでアプリの完成度を高めよう ······ 175
　Command KとCursor Tabを使って完成度を高めよう ······ 177

03 デバッグしよう ······ 180
　Debug with AIやComposerにエラーを修正してもらおう ······ 180
　Pythonファイルをデバッグ実行する ······ 182
　デバッグ中に行えるアクション ······ 184
　ステップ実行の種類 ······ 187

04 デバッグ中にプログラムの詳細を確認する ······ 188
　デバッグビューに表示される情報 ······ 188
　ブレークポイントを編集 ······ 190

05 コード補完機能をカスタマイズする ······ 193
　スニペット補完に関する設定 ······ 193
　候補の選択に関する設定 ······ 194

06 スニペットをもっと活用する ······ 197
　拡張機能で言語に特化したスニペットを増やす ······ 197
　独自のスニペットを作成する ······ 198

07 ファイルをまたいで定義・参照を自在に行き来する ······ 201
　クイックオープンで目的のファイルを素早く開く ······ 201
　定義を確認する ······ 202
　参照を確認する ······ 204

08 コードを改善するためのテクニック ······ 206
　クイックフィックスの提案を受け入れる ······ 206
　クイックフィックスで処理を関数化 ······ 208
　シンボル名の変更 ······ 209

09	AIにソースコードの解説をしてもらおう	211
	Codebase Answersに解説してもらおう	211
10	READMEを作ってもらおう	213
	ComposerでREADMEを生成しよう	213

CHAPTER 6 CursorからGitを使ってみよう

01	バージョン管理システムGit	216
	Gitの特徴とメリット	216
	バージョン管理の基礎知識	216
	GitとGitHub	218
	Cursorのソース管理ビューでできること	219
02	Gitの利用準備をする	222
	Gitソフトウェアのインストール	222
	GitHubアカウントを作成する	224
	GitとGitHubのユーザー名を合わせる	225
03	ローカルリポジトリを作成する	228
	標準機能を使ってローカルリポジトリを作成する	228
04	ローカルリポジトリ上で作業する	231
	ファイルを作成してコミットする	231
	コミットメッセージをAIに生成してもらう	233
	コミットメッセージを日本語で生成する	234
	ファイルを編集してコミットする	235
	タイムラインで変更履歴を確認する	236
	複数の変更をまとめてコミットする	237
	コミット前の変更を破棄する	238
	前回のコミットを取り消す	239
05	ローカルリポジトリをGitHubに発行する	241
	CursorとGitHubを連携する	241
	GitHubに発行する	242
06	リモートリポジトリをクローンする	244
	GitHubからクローンする	244
	リモートリポジトリ側の変更をプルする	246
	ローカルリポジトリ側の変更をプッシュする	249
07	コンフリクトを解消する	250
	コンフリクトとは	250

コンフリクトを解消する ……………………………………………………… 252
　　　AIにコンフリクトを解消してもらう…………………………………………… 254

08 ブランチでコミット履歴を枝分かれさせる …………………………… 256
　　　ブランチを作成する………………………………………………………………… 256
　　　ブランチをマージする …………………………………………………………… 257

09 プルリクエストを利用してブランチをマージする ……………………… 260
　　　プルリクエストとは………………………………………………………………… 260
　　　プルリクエストを作成する ……………………………………………………… 262
　　　提案された変更をレビューする ………………………………………………… 264
　　　レビューコメントに対応する …………………………………………………… 265
　　　AIに変更内容を評価してもらう ………………………………………………… 267
　　　プルリクエストをマージする …………………………………………………… 270

10 GitLens拡張機能でさらにGitを便利にする ……………………………… 272
　　　GitLens拡張機能でできること ………………………………………………… 272
　　　ビューを切り替える／分離する ………………………………………………… 274
　　　コミット履歴を確認する ………………………………………………………… 276
　　　ブランチ一覧を表示する ………………………………………………………… 276
　　　コミットを検索する………………………………………………………………… 278
　　　行ごとに変更情報を表示する …………………………………………………… 279

Appendix
　　　主なショートカット一覧 ………………………………………………………… 280
　　　主なAI機能のショートカット一覧 …………………………………………… 284

　　　索引 ……………………………………………………………………………………… 285

CHAPTER 1

Cursorを導入しよう

section
01

Cursorの特徴

#概要説明 ／ #AIによる強力なサポート

コーディングの生産性を向上させるCursor

Cursorは、AIを活用して効率的なコーディングを実現するAIコードエディターです。開発者の作業効率を飛躍的に向上させるツールとして注目されています。

AIによる強力なアシスト

　Cursor（カーソル）は、Anysphere社が開発・提供するテキストエディターです。最大の特徴は、AIを活用してコーディングを効率化できる点です。AIがコードを理解し、補完やリファクタリングを自動で行う機能を備えているため、**AIコードエディター**とも呼ばれています。

　また、Cursorは、Microsoft社が提供するVisual Studio Code（ビジュアルスタジオコード、以降VS Code）をフォークして開発されている点も特徴の1つです。フォークとは、ソースコードをコピーし、それをもとに独自の開発を進めることを指します。このため、CursorはVS Codeの基本的な機能やUIをそのまま引き継ぎつつも、強力なAI機能という独自性を持っているのです。

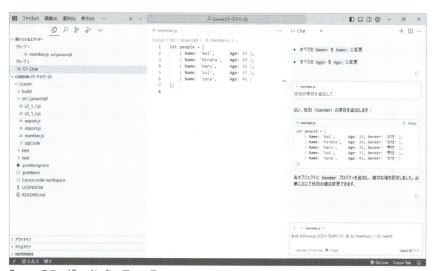

Cursorのユーザーインターフェース

VS Codeを使った経験がある人は、Cursorに移行しても学習コストがほとんどかかりません。それどころか、CursorのAI機能を活用することで、より効率的に開発を進められる可能性が高まります。Cursorが提供するAI機能では、以下のようなことが可能です。

・自然言語によるコード生成
・Tabキーによるコード補完
・自動リファクタリング（コード整形）
・エラーの検出と修正
・ドキュメントの自動生成

CursorとGitHub Copilotの違い

　GitHub CopilotでもAIによるコード生成やリファクタリングは行えますが、Cursorとは次のような違いがあります。

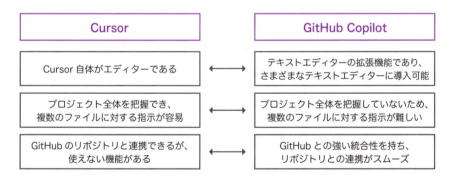

　そもそもGitHub Copilotは、テキストエディターの拡張機能であり、さまざまなテキストエディターに追加することができます。またGitHubとの強い統合性を持ちます。その反面、GitHub Copilotはプロジェクト全体を把握していないため、プロジェクト全体に対するリファクタリングを行うには、難易度が高いといえます。Cursorの場合、プロジェクト全体を把握できるため、プロジェクト全体に対するリファクタリングやコードの一貫性の向上をサポートすることが可能です。GitHub Copilotが個々のファイルや特定の場面でのコーディング補助に優れている一方で、Cursorはプロジェクト全体を視野に入れた高度なリファクタリングや開発効率の向上に寄与するツールといえます。

Cursorの利用プラン

　CursorのAI機能は、プランによって使用制限があります。プランによる使用範囲の違いを確認しておきましょう。Cursorには、無料のHobbyプラン、有償のProプランとBusinessプランがあり、Businessは主にチームや組織での利用を想定したプランです。この3つのプランは、次のような違いがあります。

プランによる違い（料金と使用回数は月あたり）

プラン	Hobby	Pro	Business
料金	無料	$20	1ユーザーあたり$40
cursor-small使用	200回	無制限	無制限
プレミアムモデル使用(低速)	50回	無制限	無制限
プレミアムモデル使用(高速)	–	500回	無制限
自動補完機能(Cursor Tab)	2,000回	無制限	無制限
組織管理機能	–	–	管理ダッシュボードが利用できる

※2025年2月時点

　Cursorは**LLM（Large Language Models、大規模言語モデル）**と呼ばれる種類のAIモデルを使用しており、使用できる代表的なモデルは次の5種類です。

・cursor-small
・GPT-4
・GPT-4o
・Claude 3 Opus
・Claude 3.5 Sonnet

　cursor-smallはCursorが独自に開発した高速に動作するLLMで、小規模なプロジェクトであればcursor-smallの使用が適切です。それ以外のLLMはプレミアムモデルという扱いになっており、大規模なプロジェクトの場合、プレミアムモデルの使用が適しています。

　本書では有料のProプランのアカウントを使って、Cursorの使い方を解説していきます。アカウント作成後、2週間はProプランをトライアル利用することができ、Cursorの使い勝手を確認できます。無料のHobbyプランでも本書の解説内容を実践できますが、AIの使用回数に制限があるため、トライアル期間が過ぎてしまった場合は、Proプランにすることをおすすめします。

生成AIサービスを使用する

　Cursorでは、次の生成AIサービスが提供するAPIを使用して、それぞれの生成AIサービスを利用できます。使用している生成AIサービスがある場合は、Hobbyプランのまま、APIを利用したほうがコストを抑えられます。使用している生成AIサービスがある場合は、API Keyを設定して利用できるようにしてもよいでしょう。

・OpenAI
・Anthropic
・Azure
・Google

　API Keyは「Cursor Settings」という画面で設定します。このあとCursorをインストールしてから画面右上の歯車のアイコンをクリックすると、「Cursor Settings」を表示できます。

❶歯車のアイコンをクリック

　「Cursor Settings」で［Models］をクリックすると、生成AIサービスのAPI Keyを入力する画面が表示されます。

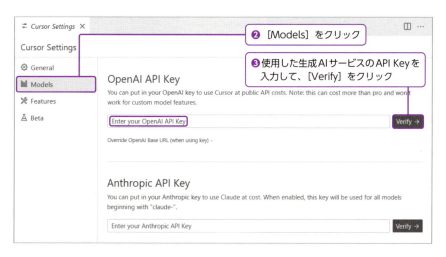

❷［Models］をクリック

❸使用した生成AIサービスのAPI Keyを入力して、［Verify］をクリック

section
02

#標準機能 ／ #インストール

Cursorをインストールする

ブラウザから簡単に
ダウンロード

ここからは、Cursorのインストール手順とアカウントの作成方法を見ていきましょう。また、有料プランへの登録方法も紹介します。

Webサイトからダウンロード

　Cursorをインストールするためには、まずは公式Webサイトからインストーラをダウンロードします。以下のURLからアクセスしてください。

・Cursor
　https://www.cursor.com/

環境に合わせたインストーラが表示されているのでクリック

インストール手順

　インストーラのダウンロードが完了したら、インストーラファイルを開きます。Windows版、macOS版ともに、インストーラファイルを開くと自動的にインストールが開始され、Cursorが起動します。

　次の画像はMicrosoft Edgeでダウンロードが完了したあとの画面です。

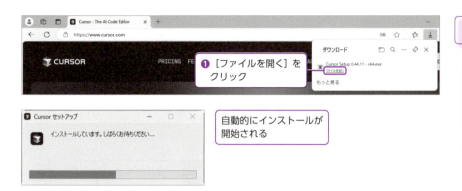

インストールが完了すると、Cursorが起動するので、アカウント設定へと進みます。
なお、macOS版でインストーラを開いた際、警告が出た場合は［開く］をクリックしてください。

また、macOSの場合、インストールされたファイルは「ダウンロード」フォルダーに保存されますが、Launchpadから起動できるよう「アプリケーション」フォルダーに移動させておきましょう。移動は、一度アプリを終了してから行ってください。

アカウントの作成

　Cursorの利用にはアカウントが必要なので、まずは、アカウントの作成方法を解説します。

　インストーラを起動した際に表示される以下の画面で、「Language for AI」に「日本語」と入力し、[Continue] をクリックします。

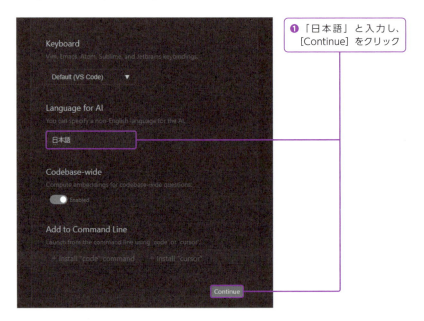

❶「日本語」と入力し、[Continue] をクリック

　VS Codeがインストールされている場合、VS Codeで使用している拡張機能をそのままCursorへ移行できます。以下は拡張機能を移行するかどうかの設定画面ですが、ここでは移行しないで [Start from Scratch] をクリックして進めます。移行したい場合は [Use Extensions] をクリックしてください。

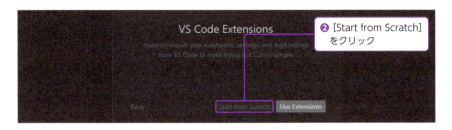

❷ [Start from Scratch] をクリック

続いて、Cursorのサービス向上のために情報を提供するかどうかを設定します。ここでは [Help Improve Cursor] を選択し、[Continue] をクリックします。なお、この設定はいつでも変更できます。

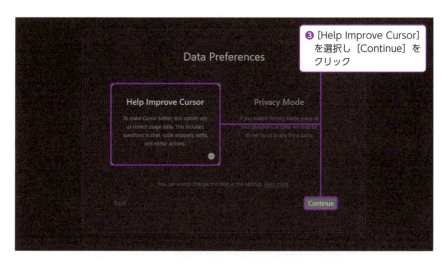

❸ [Help Improve Cursor] を選択し [Continue] をクリック

Cursorのアカウントを作成するため、[Sign Up] をクリックします。

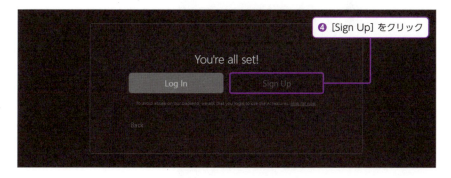

❹ [Sign Up] をクリック

すると、ブラウザでCursorのサインインページが開くので、アカウントを登録（サインアップ）します。

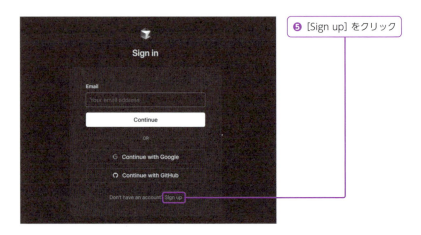

名前、メールアドレス、パスワードの設定を行います。

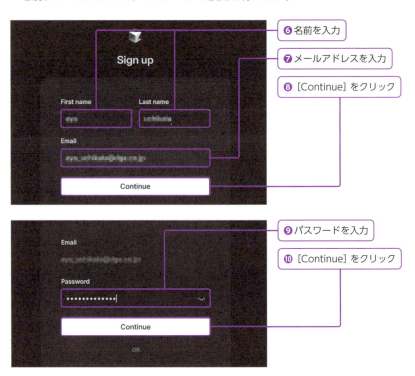

設定したメールアドレスに確認コードが送信されるので、届いたコードを入力します。

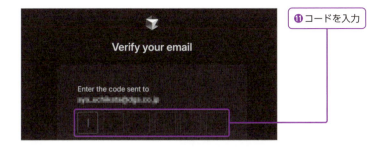

⓫コードを入力

　正しいコードを入力すると自動的に以下の画面に遷移します。[YES, LOG IN] をクリックし、「All set! Feel free to return to Cursor」と表示されれば、アカウントの作成、およびログインが完了です。次にCursorを開いたときにはログインした状態で使用できます。

[YES, LOG IN] をクリック

　なお、この時点では無料のHobbyプランが設定された状態です。有料のProプランに変更する場合は、別途設定が必要です。

Proプランへの登録

　次にProプランへ登録する方法を説明します。Proプランの詳細については、14ページを確認してください。
　アカウントの状態はCursor上で確認することができ、その画面からProプランの設定画面を表示できます。画面右上の歯車のアイコンをクリックすると「Cursor Settings」が表示され、「General」にアカウント情報が表示されます。

　ProプランをトライアルPhone中の場合は、Accountの横に「Pro Trial」と表示され、[Upgrade to Pro]が押せる状態です。[Upgrade to Pro]をクリックすると、ブラウザにProプランの申し込み画面が表示されます。

　Proプランの申し込み画面が表示されたら、支払い方法の設定を行います。支払い方法を選択すると[申し込む]が押せるようになります。

　任意の支払い方法を設定して、[申し込む]をクリックします。

決済完了後、「Cursor Settings」でアカウント情報を確認すると、「Pro Trial」が「Pro」に変わったことが確認できます。これでProプランの申し込みが完了し、CursorのAI機能を何回でも利用できます。

> Point **Proプランを解約する方法**
>
> Proプランはいつでも解約可能です。「Cursor Settings」のアカウント情報で[Manage]をクリックすると、ブラウザにアカウント情報が表示されます。さらにブラウザで[MANAGE SUBSCRIPTIONS]をクリックすると、サブスクリプションの設定画面が表示され、サブスクリプションの更新やキャンセル（解約）を行えます。

#標準機能 ／ #初期設定

初期設定を行う

Cursorを
日本語で使う

インストールしたCursorの初期設定を行う手順を解説します。拡張機能をインストールする方法、設定画面を開く方法も併せて覚えましょう。

Cursorの画面を日本語表示にする

　Cursorの表示言語は、標準では英語に設定されています。これを日本語に切り替えるためには、Microsoftから提供されている**「Japanese Language Pack for Visual Studio Code」という拡張機能**をインストールする必要があります。

　コンピューターの言語設定を英語以外にしている場合、Cursorを初めて起動したときに言語を変更するか確認するダイアログが表示されるので、これに従って表示言語を日本語にすることもできますが、今回は拡張機能の説明も兼ねて「Japanese Language Pack for Visual Studio Code」をインストールする手順を紹介します。なお、ここからは紙面上で画面を見やすくするために「ライト+」というカラーテーマを設定しています。カラーテーマを「ライト+」に設定する方法は、93ページを参照してください。

　拡張機能をインストールするには、まずCursorのメニューバーの[View] - [Extensions]をクリックしてMarketplaceを開きます。

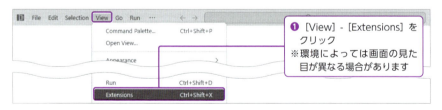

❶ [View] - [Extensions] をクリック
※環境によっては画面の見た目が異なる場合があります

❷ Extensions Marketplace が開く

Marketplaceでは、Cursorにさまざまな機能を追加する**拡張機能**を入手することができます。拡張機能には幅広い種類があり、自分で作成した拡張機能を公開することもできます。

それでは、Marketplaceの検索欄に「japanese」と入力して、「Japanese Language Pack for Visual Studio Code」を検索してみましょう。目的のものが見つかったら［Install］をクリックすることでCursorに拡張機能をインストールできます。

拡張機能のインストールが完了すると、言語設定を日本語に変更するためにCursorの再起動をすすめるダイアログがCursorウィンドウの左下に表示されるので、［Change Language and Restart］をクリックしてください。

もう一度Cursorが起動すると、メニューなどの表示が日本語に切り替わっているはずです。

コマンドパレットから表示言語を切り替える

次に、**コマンドパレット**で表示言語を切り替える方法を説明します。Cursorには、「コピー」や「ペースト」といった簡単なものから「プログラムをデバッグ実行する」などの高度なものまで、さまざまな操作が**コマンド**として登録されています。コマンドパレットでしかできない操作もあるので、使い方を覚えておきましょう。

拡張機能「Japanese Language Pack…」をインストールしたあとでも、Cursorの起動時にたびたび表示言語が英語に戻ってしまっている場合があります。そのようなときは、以下の手順で簡単に日本語表示に戻せます。

まず、`Ctrl`+`Shift`+`P`キーを押して**コマンドパレットを起動**します。macOSをお使いの場合は`Ctrl`キーの代わりに`command`キーを押してください。**本書では基本的にWindowsのショートカットキーで手順を解説します。**macOSの場合、`Ctrl`キーは`command`キー、`Alt`キーは`option`キー、`Enter`キーは`return`キーにそれぞれ対応します。これら以外の違いがある場合は適宜macOSでのショートカットキーについて補足します。

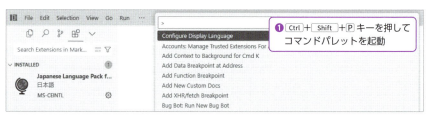

❶ `Ctrl`+`Shift`+`P`キーを押してコマンドパレットを起動

key すべてのコマンドの表示　　`Ctrl`+`Shift`+`P`　　`command`+`shift`+`P`

コマンドパレットを開いたら、実行したいコマンドを検索します。今回は言語に関する設定を行いたいので「language」と入力してみましょう。候補に表示された「Configure Display Language」が表示言語の設定を行うコマンドなので、これをクリックします。

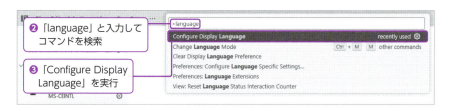

❷ 「language」と入力してコマンドを検索

❸ 「Configure Display Language」を実行

続いて、どの言語を表示言語にするかを選択します。日本語を意味する「ja」を選んでください。

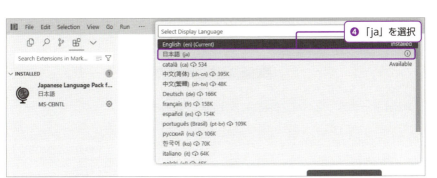

❹「ja」を選択

言語設定を変更するためにCursorの再起動をすすめるダイアログボックスが表示されるので、[Restart] をクリックします。これで表示言語が日本語に変更されます。

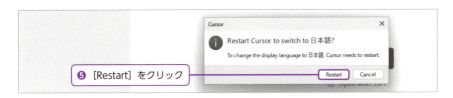

❺ [Restart] をクリック

なお、コマンドパレットについては第3章でも解説しています。

設定画面を開く

Cursorで設定を行うには、**設定画面から各種設定を行う方法**と、**settings.jsonという設定ファイルを直接テキストとして編集する方法**の2種類があります。

Cursorには膨大な設定項目があり、**設定画面からはすべての項目にアクセスできない**ので、慣れてくるとsettings.jsonを編集する方法のほうが網羅性の点で優れているのですが、ここでは設定画面から設定を行う手順を紹介します。

今回は、編集中のファイルを自動で保存する **Auto Save** という機能を設定画面からONにしてみましょう。これによって、エディター部分で操作しているファイルを切り替えると自動で保存されるようになります。

設定画面を開くには、[ファイル] - [ユーザー設定]（macOSの場合は [Cursor] - [基本設定]） - [設定] をクリックします。

❶ ［ファイル］-［ユーザー設定］-［設定］をクリック

エディター部分（32ページ参照）に設定画面が表示されます。

❷ 設定画面が開く

設定画面の項目はsettings.jsonの一部ですが、スクロールしてみるだけでも非常に多くの項目があることがわかります。そのため、設定画面上部には項目を検索するための入力欄が用意されています。ここに「auto save」と入力して目的の項目を検索してください。

表示言語を日本語にしている場合は日本語でも検索できますが、設定項目ごとに割り当てられている設定IDは英語なので、**英単語を入力するほうが精度の高い検索ができます**。

結果が表示されたら、「Files: Auto Save」の設定値を「off」から「onFocusChange」に変更します。

❸「auto save」と入力

❹「Files: Auto Save」の設定値を「onFocusChange」に変更

section 03　初期設定を行う

> **Point** **settings.json について**
>
> Cursor の設定を行うには、ここで説明したように設定画面を操作する方法と、settings.json というファイルを編集する方法の2種類がありますが、実はどちらの方法で設定しても settings.json 上にその内容が反映されています。
> そのため、設定画面から行える設定はすべて settings.json からでも可能です。settings.json を編集する方法については 102 ページで解説します。

入力内容に関する設定

　Cursorのインストール時に設定した「Data Preferences」(19ページ参照) は、Cursor Settings でいつでも変更することができます。この「Data Preferences」についてもう少し詳しく説明します。

　CursorはAI機能を搭載したエディターです。AI機能の精度を向上させるために、Cursorはユーザーのプロンプトやコードを収集しています。しかし、BusinessプランであればCursor SettingsのPrivacy modeを [enabled] にすると、データを収集されないようにすることができます。HobbyプランとProプランはPrivacy modeを [enabled] にしていても、30日間はOpen AIにプロンプトが収集されるので注意してください。

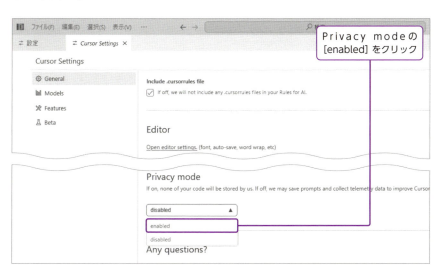

Privacy modeの [enabled] をクリック

29

#標準機能 ／ #画面構成

section 04

Cursorの画面構成

エディター分割で
並行作業

Cursorの画面は6つの領域に分けられますが、それぞれの大きさや配置を自由に調整して、作業しやすい画面構成に変更できます。

画面の6つの領域

　Cursorを本格的に操作する前に、画面の構成について学んでおきましょう。以下の画面はフォルダーやファイルを開いた状態のものですが、その方法は第2章で解説します。

　Cursorの画面は、以下の**6つの領域**に分けられます。このうちパネルについては185ページ、ステータスバーについては38ページで詳しく説明します。

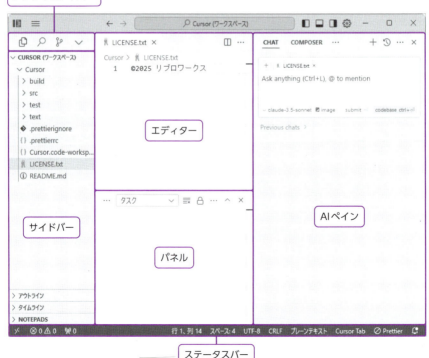

アクティビティバー

「エクスプローラー」「検索」などサイドバーに表示する機能を切り替えるためのアイコンが配置されています。

アクティビティバーのアイコン

アイコン	名前	説明
	エクスプローラー	開いているファイルやフォルダー、ワークスペース（54ページ参照）を一覧表示する
	検索	ファイルやフォルダーから指定したキーワードを検索する
	ソース管理	ソース管理ツールであるGit（216ページ参照）との連携機能がまとめられている
	実行とデバッグ	プログラムを実行、デバッグする
	拡張機能	新しい拡張機能をインストールしたり、インストールした機能を管理する

サイドバー

アクティビティバーで選択した内容によって、エクスプローラービュー、検索ビューなどに切り替わります。ここではエクスプローラービューの5つの部分について見ておきましょう。

エクスプローラービューには、「開いているエディター」「フォルダー」「アウトライン」「タイムライン」「Notepads」の5つの部分があります。デフォルトでは「開いているエディター」は表示されていませんが、サイドバーを右クリックし、チェックを入れると表示／非表示を切り替えられます。

❶サイドバーを右クリック
❷表示／非表示を切り替える

エクスプローラービューの機能

名前	説明
開いている エディター	エディター部分に開いているファイルが一覧表示される。複数のファイルを開いているときに役立つ
フォルダー	開いているフォルダーが階層構造で表示される
アウトライン	エディターで選択されているファイルの概要を表示する。たとえばMarkdownファイル（66ページ参照）ではヘッダー階層が表示される
タイムライン	直近の変更履歴が表示される
Notepads	作成したノートが表示される

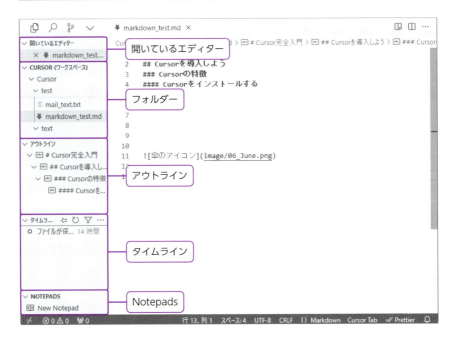

エディター

　開いているファイルがタブで表示される、ファイル編集の基本となる領域です。Cursorでは、**エディター領域を縦、横に分割して複数のファイルを一度に表示できます。**
　エディターを分割する方法はいくつかありますが、マウス操作で行うにはエディターの右上にある⬚（エディターを右に分割）アイコンをクリックします。

section 04　Cursorの画面構成

1 Cursorを導入しよう

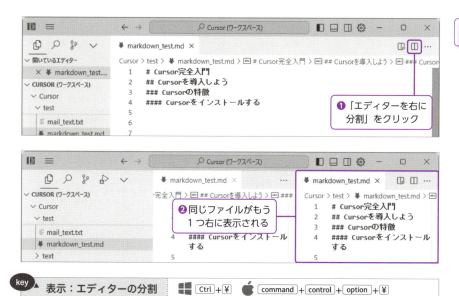

❶「エディターを右に分割」をクリック

❷同じファイルがもう1つ右に表示される

| key | 表示：エディターの分割 | ⊞ Ctrl + ¥　 command + control + option + ¥ |

　エクスプローラービューからエディター部分へ、ファイルをドラッグ&ドロップする方法でもエディターを分割できます。開いているエディターの右端に向けてエクスプローラービューからファイルをドラッグすると、エディター部分の右半分の色が変わります。この状態でファイルをドロップすると、エディターが左右に分割されます。

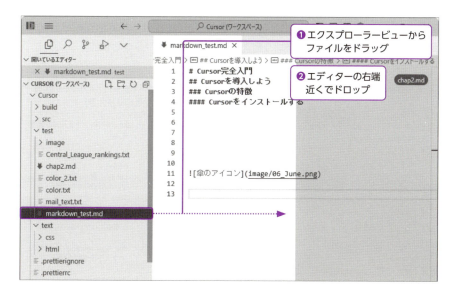

❶エクスプローラービューからファイルをドラッグ

❷エディターの右端近くでドロップ

33

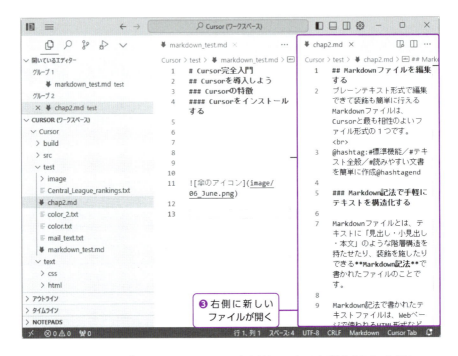

ファイルをドロップする位置によって、右側だけでなく左側や上下にも新しいエディターを配置できます。

横並びのレイアウトを縦並びに、または縦並びを横並びに切り替えたい場合は、エクスプローラービューの「開いているエディター」の部分に表示される（エディター レイアウトの垂直/水平を切り替える）アイコンをクリックします。

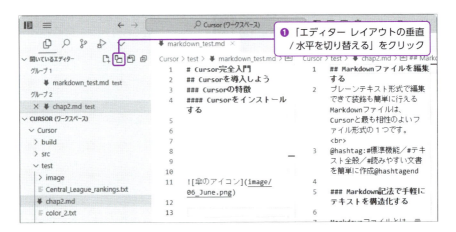

section 04　Cursorの画面構成

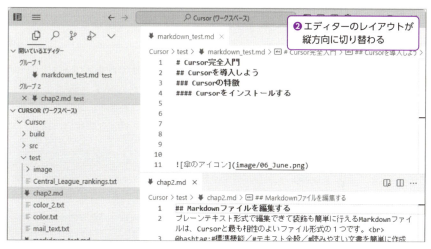

❷エディターのレイアウトが縦方向に切り替わる

key　エディター レイアウトの垂直/水平を切り替える　　Shift + Alt + 0　　option + command + 0

　エディターを分割すると、それぞれのエディターのまとまりが「開いているエディター」の部分に「グループ1」「グループ2」と表示されます。このエディターのまとまりを**エディターグループ**といいます。
　エディターのタブをドラッグ＆ドロップすると、エディターを別のエディターグループへ移動させられます。

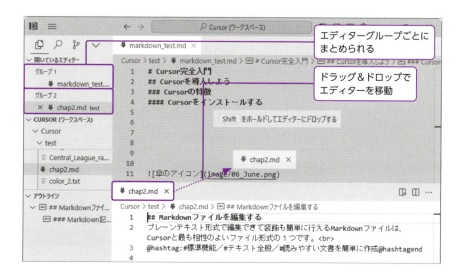

エディターグループごとにまとめられる

ドラッグ＆ドロップでエディターを移動

35

AIペイン

　AIペインは、Cursorの特徴の1つである、生成AIと会話できるスペースでCHATパネルやCOMPOSERパネルなどが含まれます。コードに関する質問をできたり、途中まで書いたコードの続きを書くよう指示したりできます。メニューバーの[Toggle AI Pane]アイコン、もしくは Ctrl + Alt + B キーを押すと表示されます。

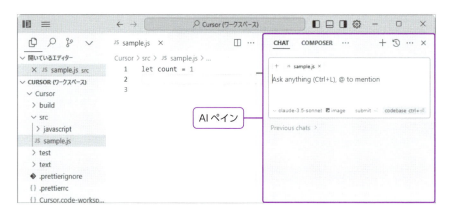

MiniMapでファイル全体を確認

　メニューの[表示] - [外観] - [ミニマップ]にチェックを入れると、エディターの右端に、**MiniMap**というファイル全体を縮小表示したものを表示できます。カーソルがある位置を確認したり、クリックして任意の位置に移動したりすることができるので、行数が多いファイルを編集する際に役立ちます。

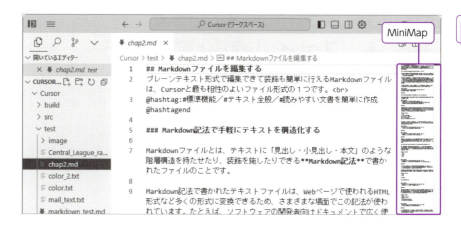

Zenモードでファイル編集に集中

エディターでファイルを編集することに集中したいときは、エディター以外のすべての領域を非表示にする**Zenモード**を活用するとよいでしょう。

メニューの[表示]-[外観]-[Zen Mode]とクリックするか、Ctrl+Mキーを押したあとZキーを押すことで、Zenモードに切り替えられます。

#標準機能 ／ #設定

ステータスバーで
ファイルの設定を行う

改行コードやインデントを簡単に切り替え

画面下に表示されるステータスバーでは、ファイルに関する設定が確認できます。文字コード、インデントを編集する機会が特に多いのでよく覚えておきましょう。

ステータスバーに表示される情報

Cursorの画面下部に表示されている**ステータスバー**には、カーソルがある行数と列数、インデント（字下げ）の幅、どの文字コードでエンコードされているか、どの改行コードが使われているか、拡張子から検出されたファイルの種類、といった情報が表示されています。

ステータスバーではこれらの情報を確認できるだけではなく、クリックしてファイルに関する設定を変更することもできます。それぞれの設定を変更する方法について見ていきましょう。

文字コードを指定してファイルを開く／保存する

Cursorはデフォルトでは文字コードがUTF-8に設定されているので、シフトJISなどの文字コードのファイルを開いたときに文字化けが発生することがあります。そのようなときは、正しい文字コードでファイルを開きなおすことで文字化けを解消できます。

ファイルを別の文字コードで開きなおすには、まずステータスバーの**エンコードの選択**の部分をクリックします。

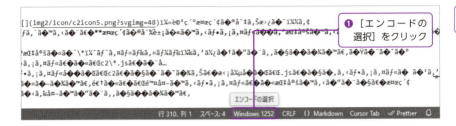

画面上部にコマンドパレットが表示されるので、［エンコード付きで再度開く］を選択し文字コードを指定すると、指定した文字コードでファイルを開きなおします。

インデントの方法を変更する

プログラムを書くとき、行頭を揃えるためのインデントをどのように入れるかは、採用するプログラミング言語やコード規約によって異なります。**Cursorでは、ステータスバーからファイル内のインデントの方法を変更できます。**

ファイルのインデントを設定するには、ステータスバーの［インデントを選択］（インデントに使われている文字が表示されている部分）をクリックします。

続いて、画面上部のコマンドパレットで［スペースによるインデント］か［タブによるインデント］を選択し、**インデント1つあたりの見た目が半角スペース何個ぶんになるか**を選択します。

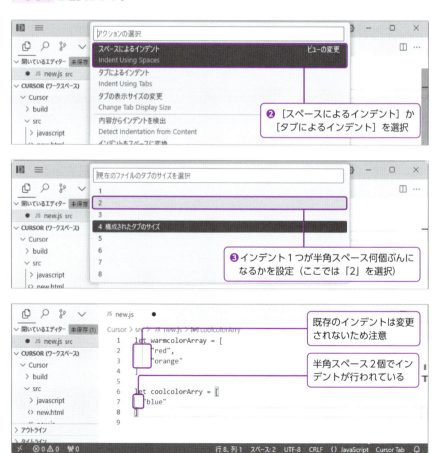

section 06　コーディングをサポートするCursor独自の機能

#代表的なAI機能の種類　／　#AI機能

コーディングをサポートする Cursor独自の機能

Cursorでは、AIとやり取りしながらコーディングを進めていきます。どのような機能があるのかを見てみましょう。

AI機能の概要

Cursorが提供する主なAI機能の概要として、次の6つをここで紹介します。

- Cursor Tab
- Composer
- Chat
- Command K
- @Symbols
- エラーの自動修正

具体的な使い方については、次章以降で少しずつ解説していきます。本節では、これらのAI機能の概要をおさえておきましょう。

Cursor Tab

Cursor Tab（カーソルタブ）は、AIがコードの入力途中で候補を提示し、入力の効率化をサポートする機能（AIオートコンプリート機能）です。Cursor Tabは略してTabと呼ばれることもあります。候補が表示されたときに Tab キーを押すと候補が反映され、 Esc キーを押すと候補が却下されます。

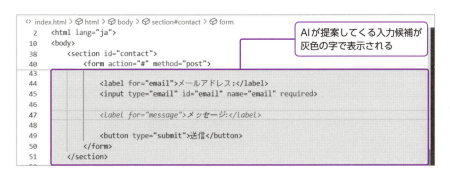

AIが提案してくる入力候補が灰色の字で表示される

AIは編集対象のファイルだけではなく、プロジェクト全体の内容を把握しているため、それを踏まえて適切な候補の提案を行います。
　なお、「Cursor Settings」の「Features」にあるCursor Tabの設定で、1つ目のチェックを外すとCursor Tabが無効化されます。

Composer

　Composer（コンポーザー）は、AIと対話するように指示を与えることで、ソースコードの生成や編集、リファクタリングを自動的に行える機能です。COMPOSERパネルでAIへの指示であるプロンプトを入力すると、指示に応じた作業を行ってくれます。

　プロンプトを実行する前の状態に戻す（130ページ参照）ことができるので、想定していた結果が得られなかった場合は状態を戻し、プロンプトを調整して再実行するとよいでしょう。

Chat

　Chat（チャット）は、プロジェクト内のコードだけではなく、開発に関連する話題について質問や相談ができる機能です。たとえば、実行結果が想定と違ったときにその原因を尋ねることが可能です。CHATパネルにプロンプトを入力すると回答を得ることができ、対話を重ねることもできます。

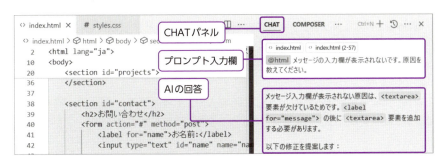

　コード生成や編集に関する具体的な指示を出すときはComposer、それ以外に幅広い話題の質問をしたいときはChatといった具合に使い分けましょう。

Command K

　Command K（コマンドケイ）は、選択した範囲のコードに対して、AIにコードを修正してもらったり、質問をしたりする機能です。対象範囲を選択したあと、Ctrl+Kキーを押すと「プロンプトバー」が表示されます。コードの修正指示をプロンプトバーに入力すると、修正結果がコードに反映されます。

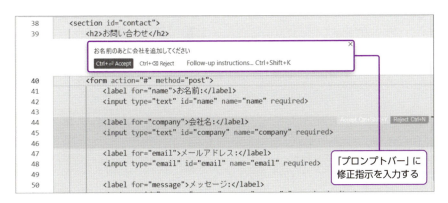

　部分的にコードを修正したいときは、ComposerよりもCommand Kを利用したほうが便利です。

@Symbols

@Symbols（シンボルズ）は、Composer、ChatやCommand Kなどでプロンプトを入力する際、参照または操作する対象を指定したいときに使う機能です。@のあとに種別を入力することで、AIがその対象に適切な処理や提案を行います。よく使う項目として、次のようなものがあります。

- @Docs：ドキュメントファイルを参照または操作するとき（138ページ参照）
- @Git：Gitリポジトリを操作するとき（234ページ参照）
- @Codebase：プロジェクト全体を参照または操作するとき

なお、Chatを利用する場合、プロンプトを入力する際に Ctrl + Enter キーを押すと、@Codebaseを入力しなくてもプロジェクト全体を参照します（211ページ参照）。

エラーの自動修正

コードに誤りがある場合、AIが検知し、修正方法を提案してくれます。文法誤りなどの静的なエラー（Lintエラー）がある場合、波線が表示されている部分にカーソルを合わせると、ポップアップが表示されます。そこで [Fix in Chat] をクリックすると、Chatに詳細な原因説明と修正案が提示されます。修正案を受け入れると、コードが自動的に修正されます。また、[Fix in Composer] をクリックした場合は、修正案が自動的にエディターに表示されます。これらの機能は「Fix Lints」と呼ばれており、みなさんのコードの品質向上に役立つことでしょう。

なお、「Auto-Debug」という実行時に発生したエラーを自動修正する機能もあるのですが、執筆時点（2025年2月）では不具合により動作しない状態です。今後の修正が待ち望まれています。

CHAPTER 2

基本的な
ファイル編集を
してみよう

#標準機能 ／ #ファイル操作

フォルダーやファイルを開いて編集する

フォルダーごと開いて効率アップ

Cursorのエクスプローラービューは名前のとおり、エクスプローラーのようにファイルやフォルダーを開くだけでなく、さまざまな機能を備えています。

フォルダーを開く

Web制作やプログラミングでは、プロジェクトごとに必要なファイルをまとめたフォルダーを作ることが一般的です。そのため、**Cursorを使ってWeb制作やプログラミングを行うときは個別のファイルを開くよりフォルダーを開いて作業するほうが効率的です。**

Cursorでフォルダーを開くには、メニューの［ファイル］-［フォルダーを開く］をクリックするか、サイドバーのエクスプローラービューで［フォルダーを開く］をクリックしてフォルダーを選択する画面を開きます。

❶メニューの［ファイル］-［フォルダーを開く］をクリック

❷フォルダーを選択する

フォルダーを開くと、サイドバーのエクスプローラービューに現在開いているフォルダーが階層構造で表示されます。

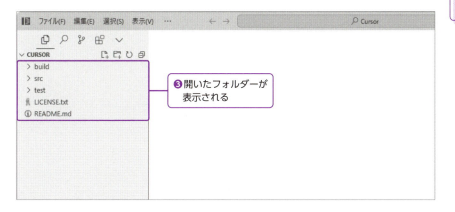
❸開いたフォルダーが表示される

フォルダー内のファイルを開く

　エクスプローラービューで**ファイル名をクリックすると、エディター部分にプレビューモードでファイルの内容が表示されます**。プレビューモードはあくまで閲覧用の表示形式なので、**ファイルの内容を編集できません**。また、別のファイルをプレビューモードで開くと1つ目のファイルは閉じられてしまいます。

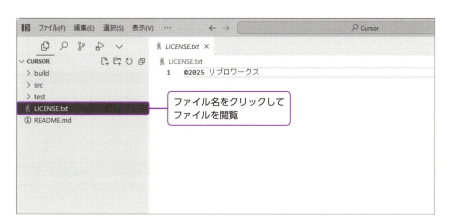
ファイル名をクリックしてファイルを閲覧

ファイルを編集する場合は、**ファイル名をダブルクリックしてエディターでファイルを開きます**。または、プレビューモードで開いているファイルを編集しても、ファイルをエディターで開くことができます。

　複数のファイルを開いているときは、エディター上でタブの部分をクリックするか、Ctrl+Tabキーを押すとファイルを切り替えることができます。

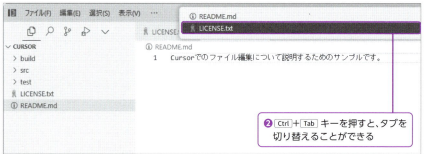

「開いているエディター」を表示させる

ファイルをたくさん開いている場合、どのファイルが開かれているのかが把握しにくい場合があります。エクスプローラービューの「開いているエディター」を使うと、開いているファイルを一覧で確認できます。

❶フォルダーを右クリックし、「開いているエディター」にチェックを入れる

❷「開いているエディター」が表示される

新しいファイルを作成する

ファイルを新規作成する方法はいくつかありますが、最も簡単なのはエクスプローラービューで開いているフォルダー名の右側に表示されている [新しいファイル] アイコンをクリックして新しいファイルを作成する方法です。選択しているフォルダーの配下に新しいファイルが作成されるので、拡張子を含めたファイル名を入力します。

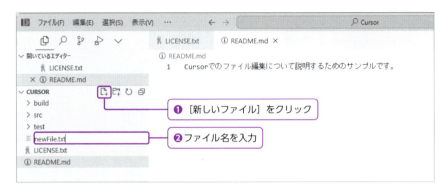

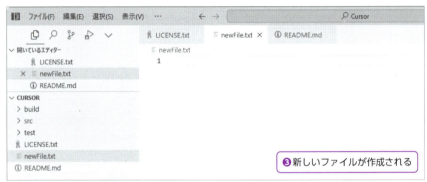

　エクスプローラービューでフォルダーかファイルを右クリック-[新しいファイル]をクリックする方法でも同じようにファイルを作成できます。

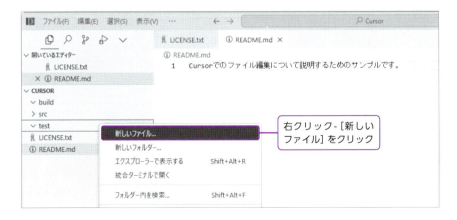

直前に編集していたフォルダーを再度開く

Cursorは、アプリを終了したときに開いていたエディターの情報を保存して、**再びCursorを起動したときに前回と同じ状態で開いてくれます**。エディターの中でのカーソルの位置や、保存せずに終了したファイルの編集内容まで保存してくれているので、誤ってアプリを終了してしまった場合もすぐに作業を再開できます。

❶ファイルを保存しないままアプリを終了

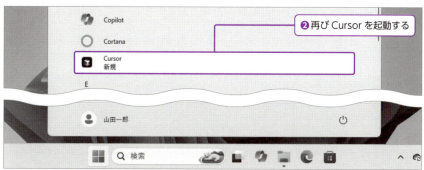

❷再び Cursor を起動する

❸同じ状態でフォルダー、エディターが開く

なお、設定画面から「Window: Restore Windows」という項目の設定値を「None」に変えると、前回開いていたフォルダーやエディターを開かないようにすることもできます。毎回新しくフォルダーを開きたいという場合は設定を変更しましょう。

フォルダーとファイルに関するその他の操作

新しいフォルダーを作成

　新しいフォルダーを作成するには、ファイルの新規作成と同じくエクスプローラービューの [新しいフォルダー] アイコンをクリックする方法と、フォルダーかファイルを右クリック - [新しいフォルダー] をクリックする方法の2つがあります。

フォルダーやファイルを削除

　不要なフォルダーやファイルを削除するには、エクスプローラービューで右クリック - [削除] をクリックするか、Delete キーを押します。

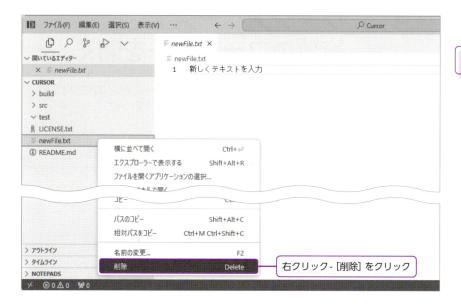

ドラッグ＆ドロップで移動

　エクスプローラービューでは、WindowsのエクスプローラーやmacOSのFinderのようにフォルダーやファイルをドラッグ＆ドロップで移動できます。フォルダーの中身を確認しながら移動できるので、フォルダーの階層を超えた移動も簡単に行えます。

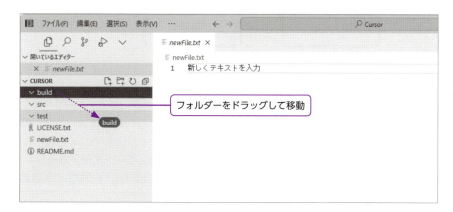

section 02

#標準機能 ／ #フォルダー操作

ワークスペースで複数のフォルダーを開く

複数のフォルダーを一気に開く

Cursorでは、ファイルやフォルダーを開くだけでなく、複数のフォルダーをワークスペースという単位でまとめて管理できます。

ワークスペースで複数のフォルダーを1つにまとめる

　フォルダーを開く方法では、複数のファイルをエディターで開くことができる一方で、フォルダーは1つしか開けません。開きたいフォルダーが複数ある場合は、**ワークスペース**という機能を使いましょう。

　ワークスペースはフォルダーを管理するための機能で、1つのワークスペースには別々の場所にある複数のファイルやフォルダーを含めることができます。

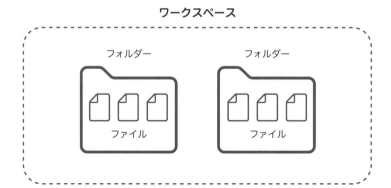

　たとえば、複数の開発プロジェクトに所属している人が、プロジェクトごとに必要なファイルやフォルダーを1つにまとめて管理したい場合、ワークスペースを使うとよいでしょう。

　また、第3章で詳しく説明しますが、**ワークスペースごとに設定を変更できる**ので、プロジェクトを混同しないようにエディターの見た目を変えたり、プロジェクトごとに異なるルールでソースコードを編集したりすることも可能です。

　新しいワークスペースを作成するにはまず、メニューバーから［ファイル］-［フォルダーをワークスペースに追加］をクリックして、最初に追加するフォルダーを選択します。

section 02 ワークスペースで複数のフォルダーを開く

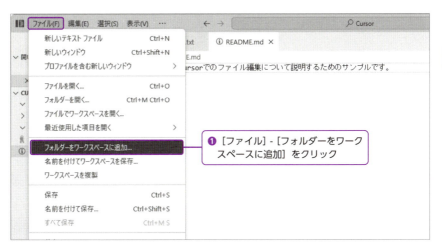

❶ [ファイル] - [フォルダーをワークスペースに追加] をクリック

❷ フォルダーを選択して[追加]をクリック

❸ 選択したフォルダーが追加されたワークスペースが新しく作成される

ワークスペースを作成したあと、もう一度［フォルダーをワークスペースに追加］を実行して別のフォルダーを選択すると、複数のフォルダーを1つのワークスペースに含めることができます。複数のフォルダーをまとめたワークスペースを**マルチルートワークスペース**といい、編集したファイルが複数のフォルダーに散らばっている場合や、別のプロジェクトで作成したファイルを参考にしたい場合などは、マルチルートワークスペースを作成すると便利です。

ワークスペースを保存する

　ワークスペースを作成したあとは、そこに含まれるフォルダーの情報やワークスペースごとに設定した内容を**.code-workspaceという拡張子のファイルとして保存できます。**

　ワークスペースをファイルとして保存するには、メニューバーから［ファイル］-［名前を付けてワークスペースを保存］をクリックします。

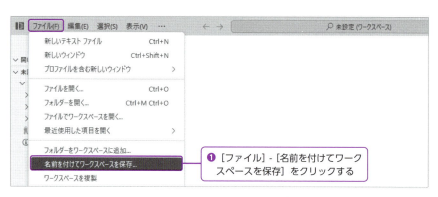

❶［ファイル］-［名前を付けてワークスペースを保存］をクリックする

❷ファイル名を入力して保存

保存したワークスペースをもう一度開く

　一度保存したワークスペースは、ファイルを開いて簡単に呼び出せます。ワークスペースをファイルとして開くには、メニューバーの［ファイル］-［ファイルでワークスペースを開く］をクリックするか Ctrl + O キーを押して、開きたい.code-workspaceファイルを選択します。ワークスペースの設定ファイルが開くので、右下の「ワークスペースを開く」をクリックします。

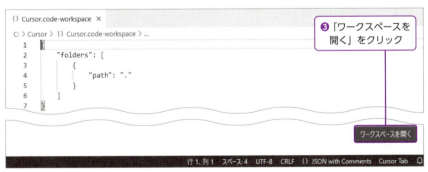

section 03

#標準機能 ／ #テキスト全般

テキスト編集に役立つ必須テクニック

ショートカットキーで効果倍増

Web制作やプログラミングだけでなくあらゆるテキスト編集で役立つ、必須のテクニックを紹介します。

選択範囲を追加してまとめて編集する

「複数箇所をまとめて修正する」というと、すぐに思いつくのが検索・置換機能ですが、Cursorにはもっと手軽で便利なものがあります。それは**「選択範囲の追加」機能**です。Ctrl+Dキーを押すたびに、現在選択中のテキストと同じものが追加選択され、まとめて編集できます。メニューバーの[選択]-[次の出現箇所を追加]でも実行できますが、ショートカットキーを使うと素早く複数の箇所を選択できます。

```js
// c2_1_1.js
var week1 = ['Mon','Tue','Wed','Thu','Fri'].fill('Holiday')
var week2 = ['Mon','Tue','Wed','Thu','Fri'].fill('Holiday')
var week3 = ['Mon','Tue','Wed','Thu','Fri'].fill('Holiday')
console.log(week1);
console.log(week2);
console.log(week3);
```

❶テキストを選択した状態で Ctrl+D キーを押す
❷同じテキストが追加選択される
❸必要なだけ Ctrl+D キーを押す

```js
// c2_1_1.js
let week1 = ['Mon','Tue','Wed','Thu','Fri'].fill('Holiday')
let week2 = ['Mon','Tue','Wed','Thu','Fri'].fill('Holiday')
let week3 = ['Mon','Tue','Wed','Thu','Fri'].fill('Holiday')
console.log(week1);
console.log(week2);
console.log(week3);
```

❹テキストを修正
選択していた部分がまとめて修正される

key 次の出現箇所を追加　　■ Ctrl+D　　 command+D

検索・置換（72ページ参照）は検索ウィンドウを表示して実行しなければいけませんが、選択範囲の追加機能であれば、エディター内だけで行えるので手軽に修正できるのが大きなメリットです。修正が終わったら、**必ず Esc キーを押して範囲選択を解除**しましょう。解除し忘れると、複数選択状態のまま編集して大変なことになる場合もあるので、注意してください。

> **Point　文書中のすべての同じテキストを選択**
>
> 数が多くて何度も Ctrl + D キーを押すのが面倒なら、目的のテキストを1つ選択した状態でメニューバーの［選択］-［すべての出現箇所を選択］をクリックしましょう。以下のショートカットキーでも実行できます。文書中の同じテキストがすべて選択され、部分的に解除することはできないので、余計なところまで修正しないよう注意が必要です。
>
> すべての出現箇所を選択　　　Ctrl + Shift + L　　 command + shift + L

行単位でテキストを編集する

テキストファイルの**特定の行を上下に移動させたい**とき、行単位で切り取り→貼り付けをして移動させることもできますが、Alt + ↑↓ キーを押すとより少ないキー操作で行を移動できます。

❶ 移動させたい行にカーソルをおいて Alt + ↑ キーもしくは ↓ キーを押す

```
≡ Central_League_rankings.txt ×
Cursor > ≡ Central_League_rankings.txt
    1    読売ジャイアンツ
    2    阪神タイガース
    3    横浜DeNAベイスターズ
    4   [広島東洋カープ]
```

❷ 行が移動する

```
≡ Central_League_rankings.txt ●
Cursor > ≡ Central_League_rankings.txt
    1   [広島東洋カープ]
    2    読売ジャイアンツ
    3    阪神タイガース
    4    横浜DeNAベイスターズ
```

特定の行を上下にコピーしたいときは、`Alt`+`Shift`+`↑``↓`キーでコピーできます。

```
JS c2_1_2.js  ×
Cursor > src > javascript > JS c2_1_2.js > ⓥ newFunction
  1  function newFunction() {
  2      return (stdate, eddate) => {
  3          let span = eddate.getTime() - stdate.getTime();
  4          return span;
  5      };
  6  }
  7
  8  let getSpan = newFunction();
  9
 10  let st = '1917-2-13';
 11  let ed = '1917-10-25';
 12  let span = getSpan(st, ed);
```

❶ コピーしたい行を選択

```
JS c2_1_2.js  ●
Cursor > src > javascript > JS c2_1_2.js > ⓥ newFunction
  1  function newFunction() {
  2      return (stdate, eddate) => {
  3          let span = eddate.getTime() - stdate.getTime();
  4          return span;
  5      };
  6  }
  7  function newFunction() {
  8      return (stdate, eddate) => {
  9          let span = eddate.getTime() - stdate.getTime();
 10          return span;
 11      };
 12  }
 13
 14  let getSpan = newFunction();
```

❷ `Alt`+`Shift`+`↑` キーもしくは `↓` キーを押して行をコピーする

カーソルを複数の箇所におく

Cursorのエディターでは、**カーソルを拡大して複数の行を一度に編集する**ことができます。たとえば、複数の行の同じ位置に同じ文字を挿入したい場合、Ctrl+Alt+↑キー（もしくは↓キー）を押してカーソルを上下の行に拡大してから文字を入力すると、1回の入力ですべての行に同じ文字を入力できます。

 連続していない箇所を一度に修正したい場合は、**Altキーを押しながらクリックしても、複数箇所にカーソルをおくことができます**。テキストファイルの中の不規則な位置に同じ文字を挿入したいという場合に便利です。

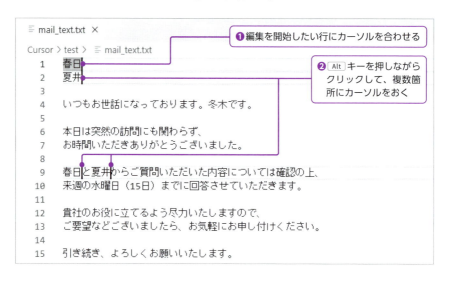

編集が終わったら、[次の出現箇所を選択]と同じように Esc キーを押して範囲選択を解除するのを忘れないようにしましょう。

> **Point**　カーソルについての設定

87ページで解説する設定画面で上部のテキストボックスに「editor cursor」と入力すると、エディターに表示されるカーソルの見た目や、点滅させるかどうかなど、カーソルについて細かく設定を行うことができます。

エディター部分のカーソルに関わる設定（一部）

設定ID	説明
editor.cursorBlinking	カーソルが点滅するときのアニメーション効果を設定できる。既定値はblink
editor.cursorStyle	カーソルの見た目を変更できる。既定値はline
editor.multiCursorModifier	カーソルを複数の箇所にあてるときに押すキーを変更できる。既定値は Alt キー（macOSの場合は option キー）

ファイルの内容を比較

　Cursorには、2つのファイルの内容が同じか、どこに違いがあるかなどを調べたいときに便利な**ファイル比較**の機能が備わっています。

　ファイル比較を行うには、まずエクスプローラービューで1つ目のファイルを右クリック-［比較対象の選択］をクリックします。次に比較したい2つ目のファイルを右クリック-［選択項目と比較］をクリックすると、2つのファイルの内容が比較され、結果がエディター部分に表示されます。違いがあった場合は差分が強調されます。

矩形選択でインデントを維持したまま編集

　以下の画像のようにインデントを整えて文字列を入力しているとき、複数行にわたって矩形（くけい）状に文字列を選択すると都合がよいことがあります。

```
JS member.js ×
Cursor > src > javascript > JS member.js > ...
1   let people = [
2       { Name: 'Aoi',      Age: 23 },
3       { Name: 'Hinata',   Age: 29 },
4       { Name: 'Haru',     Age: 31 },
5       { Name: 'Sui',      Age: 37 },
6       { Name: 'Sena',     Age: 41 }
7   ];
8   Ctrl+L to chat, Ctrl+K to generate
```

インデントを整えて文字列が入力されている

　Cursorでは、Shift + Alt キーを押したまま文字列をドラッグすると、その範囲を**矩形選択**できます。

```
JS member.js ×
Cursor > src > javascript > JS member.js > [◎] people > 🔧 Name
1   let people = [
2       { Name: 'Aoi',      Age: 23 },
3       { Name: 'Hinata',   Age: 29 },
4       { Name: 'Haru',     Age: 31 },
5       { Name: 'Sui',      Age: 37 },
6       { Name: 'Sena',     Age: 41 }
7   ];
8
```

❶選択を開始したい部分にマウスポインターを合わせる

```
JS member.js ×
Cursor > src > javascript > JS member.js > [◎] people
1   let people = [
2       { Name: 'Aoi',      Age: 23 },
3       { Name: 'Hinata',   Age: 29 },
4       { Name: 'Haru',     Age: 31 },
5       { Name: 'Sui',      Age: 37 },
6       { Name: 'Sena',     Age: 41 }
7   ];
8
```

❷ Shift + Alt キーを押したままドラッグして矩形選択

#標準機能 ／ #テキスト全般

section 04 Markdownファイルを編集する

読みやすい文書を簡単に作成

プレーンテキスト形式で編集できて装飾も簡単に行えるMarkdownファイルは、Cursorと最も相性のよいファイル形式の1つです。

Markdown記法で手軽にテキストを構造化する

　Markdownファイルとは、テキストに「見出し・小見出し・本文」のような階層構造を持たせたり、装飾を施したりできる**Markdown記法**で書かれたファイルのことです。

　Markdown記法で書かれたテキストファイルは、Webページで使われるHTML形式など多くの形式に変換できるため、さまざまな場面でこの記法が使われています。たとえば、ソフトウェアの開発者向けドキュメントで広く使われているほか、Slackのようなコミュニケーションツールでも Markdown 記法でメッセージを装飾できるなど、**近年その利用範囲が広がっています。**

　本書のような書籍も、「第○章」「第○節」というかたちで構造化されているので、ある程度まではMarkdown記法を使って表現できます。

```
1  ## Markdownファイルを編集する
2  プレーンテキスト形式で編集できて装飾も簡単に行えるMarkdownファイルは、Cursor
   と最も相性のよいファイル形式の1つです。<br>
3  @hashtag:#標準機能／#テキスト全般／#読みやすい文書を簡単に作成@hashtagend
4
5  ### Markdown記法で手軽にテキストを構造化する
6
7  Markdownファイルとは、テキストに「見出し・小見出し・本文」のような階層構造を
   持たせたり、装飾を施したりできる**Markdown記法**で書かれたファイルのことで
   す。
8
9  Markdown記法で書かれたテキストファイルは、Webページで使われるHTML形式など多
   くの形式に変換できるため、さまざまな場面でこの記法が使われています。たとえば、
```

Markdown記法で構造化した文書

Markdownファイルを作成してプレビューを表示する

Markdownファイルは、ファイル名に「.md」という拡張子を付けることで作成できます。

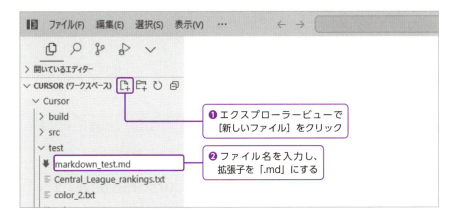

新しく作成したMarkdownファイルに、以下のようにテキストを入力します。Markdown記法では**「#」のあとに半角スペースを空けると、その行は見出しとして扱われます**。「#」の数によって、1～6までの優先順位が付けられます（少ないほうが優先順位が高い）。

● 入力例
```
# Cursor 完全入門
## Cursor を導入しよう
### Cursor の特徴
### Cursor をインストールする
```

入力できたら、Cursorのエディター部分の右上に表示されている ［プレビューを横に表示］アイコンを押してみましょう。

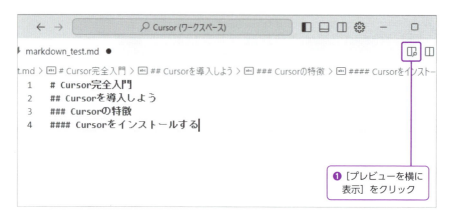

❶[プレビューを横に表示]をクリック

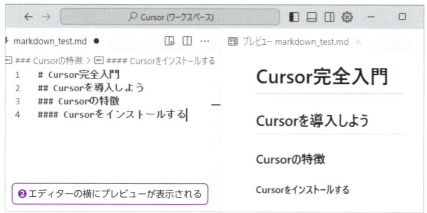

❷エディターの横にプレビューが表示される

　エディターの横に「プレビュー」というウィンドウが開きました。プレビューにはMarkdown文書の内容をHTMLに変換したものが表示され、**Markdown文書を変更するとほぼリアルタイムでプレビューに反映します。**

文字の強調やリストやテーブルをMarkdown記法で表現する

　見出し以外にも、Markdown記法でよく使われるのがリストです。**「*」(アスタリスク) のあとに半角スペースを空けると、その行はリストの項目として扱われます。**Markdownファイルに以下の内容を書き足してみましょう。

● 入力例

```
* build
* src
* test
```

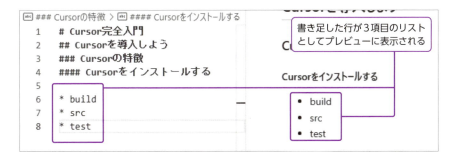

（アスタリスク）は文字列を囲んで強調するのにも使われます。（アスタリスク）1つ、2つ、3つで囲んだ文字列がそれぞれどのように表示されるか確認しましょう。

Markdown記法では、（見出しなどではない）通常の段落は2つ以上改行しないと別の段落として認識されないことにも注意してください。

● 入力例

```
*斜体*

**太字**

***斜体で太字***
```

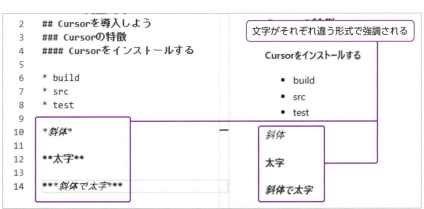

Markdown記法でテーブルを表現する方法も紹介します。**テーブルを作成するには、まずヘッダになる項目を「|」で区切って並べ、次の行に-(ハイフン)2つずつをヘッダ項目と同じ数だけ「|」で区切って書きます。**3行目以降にテーブルの行になる内容を書いていきます。

● 入力例

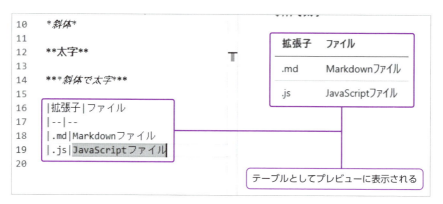

　2行目にハイフンの行がなかったり、項目の数が一致しない行があったりすると、全体がテーブルとして判別されず、通常の文字列として表示されるので注意してください。

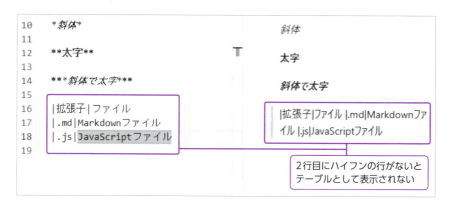

画像を表示する

Markdown文書には、Webページのように**JPG形式、PNG形式の画像を埋め込むこともできます**。以下の入力例のような書式で、はじめに「!」を書いて、[]の中に画像の代替テキストを、()の中に画像ファイルの相対パスを書きます。

● 入力例

```
![傘のアイコン](image/06_June.png)
```

```
11    ![傘のアイコン](image/06_June.
      png)
12
```

> **Point** Cursorで使用できるMarkdown記法
>
> Markdown記法を使うと、ほかにもさまざまな要素を簡単なルールで表現できます。
>
> ### 使用できるMarkdown記法とその説明（一部）
>
> | 名前 | 書き方 | 説明 |
> | --- | --- | --- |
> | ブロック引用 | > | 引用を表現する。インデントされ、ほかの段落と異なるスタイルで表示される |
> | リンク | []() | Markdownファイル内にリンクを埋め込む。[]の中にリンクテキストを、()の中にURLを書く |
>
> Cursorで使えるMarkdown記法については、以下のURLを参照するとより理解が深まるでしょう。
>
> **Docs Markdownリファレンス（Microsoftドキュメント）**
> https://docs.microsoft.com/ja-jp/contribute/markdown-reference

#標準機能 ／ #テキスト全般

section 05 検索・置換を使いこなす

ファイルを横断して一気に編集

検索・置換はほとんどのテキストエディターで使える機能ですが、Cursorには高度な検索・置換をわかりやすく使える「検索ビュー」が用意されています。

1ファイルの中で検索・置換する

あらゆるテキストエディターと同じく、Cursorでもメニューバーの［編集］-［検索］や Ctrl + F キーでファイル内の検索ができます。検索ウィンドウが表示されるので、そこに検索したい文字列を入力します。

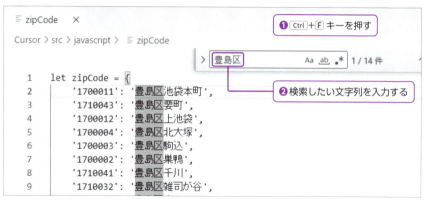

メニューバーの［編集］-［置換］をクリックするか Ctrl + H キー（macOSの場合は command + option + F キー）を押すと、検索する文字列と置換後の文字列を入力できるウィンドウが表示されます。置換後の文字列を入力したあと、**Enter キーを押すと選択している部分を1箇所ずつ置換**、**Ctrl + Enter キーを押すとファイル内のすべての箇所を置換**します。

section 05 検索・置換を使いこなす

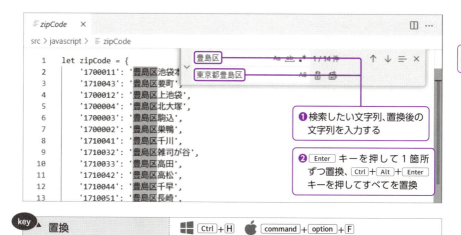

以上の手順は1つのファイル内で手軽に検索・置換を行うためのものです。58ページで紹介した「次の出現箇所を追加」、「すべての出現箇所を追加」と使い分けるとよいでしょう。

検索ビューで複数のファイルからまとめて検索

アクティビティバーの[検索]アイコンをクリックするか、Ctrl+Shift+Fキーを押すと、サイドバー部分に検索ビューが表示されます。**検索ビューを使うと、開いているフォルダーやワークスペース内のすべてのファイルから、文字列を検索できます**。検索の結果は、ファイル単位で何箇所が検出されたか表示されます。表示された結果をダブルクリックすると、該当箇所がエディターで開きます。

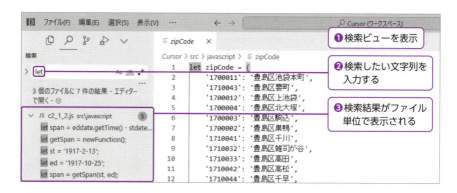

73

[検索: フォルダーを指定して検索] Ctrl + Shift + F / command + shift + F

ファイルを横断して文字列を置換

Ctrl + Shift + H キーを押すと、検索ビューで置換を行えます。置換後の文字列を入力すると、検索結果の部分に置換後のプレビューが表示されるようになり、ファイル名の横の [すべて置換] アイコンをクリックするとファイル内の該当箇所を一度に置換、個々の検索結果の横の [置換] アイコンをクリックすると1箇所ずつ置換できます。

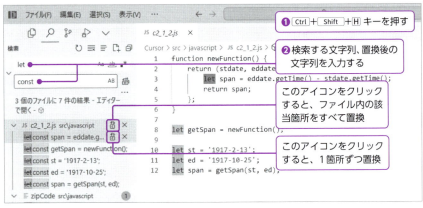

[検索: 複数のファイルで置換] Ctrl + Shift + H / command + shift + H

section 05 検索・置換を使いこなす

　置換後の文字列の入力欄の右側にある🔁［すべて置換］アイコンをクリックすると、検索されたすべてのファイルで文字列を置換します。置換したくないファイルや部分がある場合は、事前にファイル名、検索結果の横にある✕［無視］アイコンをクリックして置換の対象から外しておきましょう。

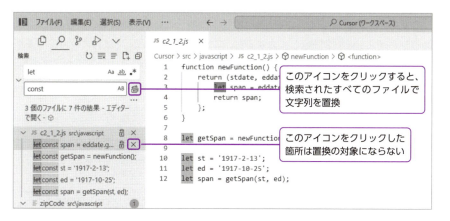

Point　［すべて置換］を取り消す

［すべて置換］を行うと、複数のファイルが書き換わって保存まで自動で行われるため、間違ってしまった場合の被害は甚大です。誤って置換を実行してしまったら、置換が実行されたファイルのうちどれか1つで Ctrl + Z キーを押して操作を取り消すと、編集されたすべてのファイルで置換を取り消すことができます。

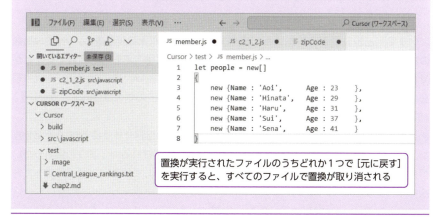

検索・置換の対象にするファイルを絞り込む

検索ビューで […] [詳細検索の切り替え] アイコンをクリックすると、**検索の対象にするファイル名を指定することができます**。

ファイル名の指定には*（ワイルドカード）を使うこともできます。たとえば、「含めるファイル」に「c2*.js」と入力すると、ファイル名が「c2」ではじまり、拡張子が「.js」であるファイルだけを検索・置換の対象にします。逆に、「除外するファイル」に指定することで、検索・置換の対象から外すこともできます。

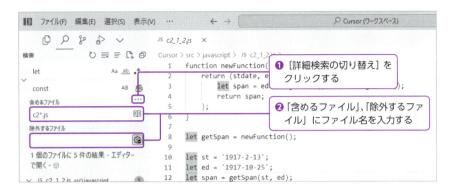

正規表現を使って検索する

Cursorでの検索は、文字列の組み合わせを柔軟に照合する**正規表現**をサポートしています。正規表現を使うことで、「同じ文字の一定数以上の繰り返し」「特定の桁数の数字」など、**文字列のパターンを指定してそれにあてはまるものを検索することができます**。検索で正規表現を使うには、検索する文字列の入力欄にある .* [正規表現を使用する] アイコンをクリックするか、Alt（macOSの場合は option + command）+ R キーを押します。

正規表現にはさまざまなものがあるのでそのすべてを紹介することはできませんが、特に使う機会が多いものとして**「|」（または）**が挙げられるでしょう。検索したい複数の文字列を「|」（または）でつなぐと、どれか1つにあてはまった箇所がすべて対象になります。

次の画像では、敬称が「さん」と「さま」にわかれているテキストを、正規表現による検索と置換で「様」に統一しています。

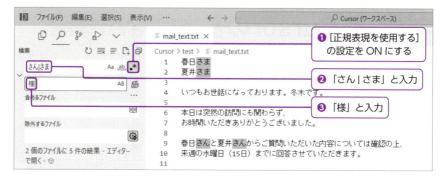

検索ビューだけでなく、エディター上に表示される**検索ウィンドウでも[正規表現を使用する]をONにできます**。1ファイルの中だけで検索・置換を行いたい場合はこちらのほうが便利です。

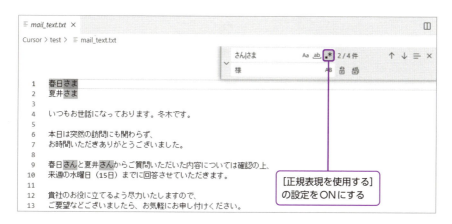

＃標準機能 ／ ＃AI機能の基本

section 06

Cursorの基本的なAI機能

AI機能の使い方

Cursorの強力なAI機能を使いこなすと、Web制作やプログラミングなどでの作業が非常に効率化されます。基本的な機能について押さえましょう。

フォルダ内のファイルや外部の情報などを参照する

　CursorのAIペインに含まれるCHATやCOMPOSERパネルでは、AIに質問や指示となるプロンプトを送信して、回答をもらったりソースコードを生成してもらったりできます。そこで送信するプロンプトには、プロジェクトのファイルや、外部の情報を参照させることができます。

　プロジェクトのファイルをプロンプトに追加するには、プロンプト入力欄の上部にある［Add context］ボタンをクリックして、表示されるファイルの候補の中から選択します。また、外部の情報なども参照させたいときは、プロンプト入力欄で「@」（アットマーク）を入力すると、「Files」や「Code」など、参照できる情報の候補が表示されます。たとえば「Code」をクリックすると、CSSに定義されているクラス単位で参照させるといったことができます（138、254ページ参照）。

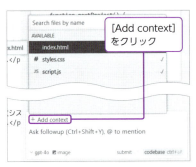

［Add context］をクリック

「@」を入力

プロンプトの実行前の状態に戻す

　Composerでソースコードを繰り返し修正していると、過去に送信したプロンプトを送る前の状態に戻したいということがあります。そのようなときは、AIとのやり取りをスクロールして、戻したい状態のときに送ったプロンプトを表示させます。そ

の上部に表示されている [Restore] をクリックすると、ソースコードをそのプロンプトを送る直前の状態に戻すことができます（130ページ参照）。

❶ [Restore] をクリック

過去に送信したプロンプト

言語モデルを変更する

AIによって生成されるソースコードなどは、AIのモデルによって精度や内容が異なることがあります。何度か送信して思ったような結果が得られないときは、AIのモデルを変えてみるのも一つの手です。モデルを変更するには、ChatやComposer、Command Kなどで、プロンプト入力欄の下部に表示されているモデル名をクリックして、表示されるモデル名をクリックするだけです。

❶ モデル名をクリック

❷ 使用したいモデルをクリック

画像をプロンプトに追加する

プロンプトは基本的に文章として表現する必要がありますが、たとえばWebページのレイアウトのように文章だけで表現するには難しい情報を伝えたい場合もあります。そのようなときに、レイアウトを描いた画像を用意して、プロンプトに追加することができます。

プロンプト入力欄の下にある [image] をクリックすると、ファイル選択のダイアログが表示されるので、そこから選択すると追加できます。また、プロンプトの入力欄に直接ドラッグ＆ドロップで追加することも可能です。

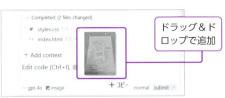

BUG FINDERで潜在的なバグを発見してもらう

　AIペインには、CHATとCOMPOSERパネルのほかに、BUG FINDERというパネルも含まれています。この機能では、GitHubのリモートのメインブランチを参照して、ローカルで開発中のブランチのバグをチェックしてもらえるため、プルリクエストを送る前の自動チェックとして利用することができます（GitやGitHubについては第6章参照）。

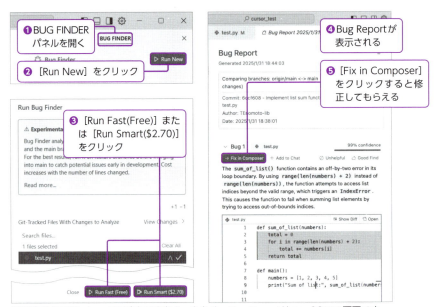

※執筆時点でWindowsでは実行できなかったため、Bug ReportはmacOSでの画面です

　2025年2月の時点では試験的な機能であり、通常の利用料金とは別に、利用量に応じて料金が発生する点や、まだバグの発見精度が低い点などの警告が実行時に表示されます。今後の改善が期待されます。

CHAPTER 3

設定とカスタマイズを理解しよう

section 01

#標準機能 ／ #設定

Cursorでどんなことができるか検索する

コマンドパレットで簡単にコマンド実行

Cursorでは、あらゆる操作がコマンドという命令として管理されています。コマンドを使いこなすことがすなわちCursorを使いこなすことです。

コマンドパレットを使う

コマンドとは「命令する」「指揮する」などの意味を持つ英単語で、ITの分野では主に「人間からコンピューターへの処理の指示」という意味で使われます。Cursorではあらゆる操作がコマンドとして登録されていて、これまで実行してきた「フォルダーを開く」「検索する」「置換する」などの操作も実はCursorに登録されたコマンドです（26ページ参照）。

そして、Cursorはそれらのコマンドを**コマンドパレット**を使って呼び出すことができます。いくつかのコマンドにはショートカットが割り当てられていたり、メニューバーなどから操作を行ったりできますが、**コマンドパレットを使えば、Cursorが持つすべてのコマンドを簡単に検索して実行することができます。**

では、コマンドパレットを開く手順を紹介します。Ctrl+Shift+Pキーを押してください。

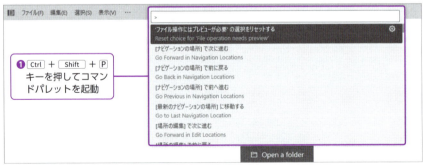

❶ Ctrl + Shift + P キーを押してコマンドパレットを起動

key　すべてのコマンドの表示　⊞ Ctrl + Shift + P　 command + shift + P

画面上部に入力欄とコマンドの一覧が表示されます。これがコマンドパレットです。ただ、この一覧にはすべてのコマンドが表示されているため、このままでは目的のコマンドを探し出すのが大変です。そこで、コマンドパレットに**語句の一部を入力してコマンドを絞り込みます**。

試しに、コマンドパレットからユーザー設定画面を開いてみましょう。表示されている「>」は消さず、「settings」と入力してみてください。

❷「settings」と入力してコマンドを検索

すると「settings」という語句を含むコマンドの一覧が候補として残ります。

ここまで絞り込めたら、[Preferences: Open User Settings] をクリックするか、↑↓キーでコマンドを選択して Enter キーで実行してください。ユーザー設定画面が表示されます。

❸「Preferences: Open User Settings」を実行

❹ ユーザー設定画面が開く

今回はマウスや Enter キーを使って対象のコマンドを実行しましたが、コマンドにショートカットが割り当てられている場合は**表示のとおりにショートカットキーを押して実行することもできます**。

たとえば「copy」と検索した場合、次の結果が表示されます。「File: Copy Path of Active File」というコマンドには Shift + Alt + C というショートカットの情報がコマンドの右側に表示されています。

よく使うコマンド

　ここからは、Cursorでよく使うコマンドを紹介します。コマンドパレットで検索する際は「コマンド」列に記載の語句を入力してください。ショートカットが割り当てられているものに関してはショートカットも記載しているので、適宜参考にしてください。

　なお、今回紹介しているコマンドに関しては、Cursorを日本語化している場合は日本語でも検索できます。ただ、すべてのコマンドが日本語化されているわけではないため、**コマンドパレットでは基本的に英語で検索したほうがよいでしょう。**

ファイル操作を行うコマンド

コマンド	説明	ショートカット
File: Open File	ファイルを開く	Ctrl + O (macOS command + O)
File: Open Recent	最近開いた項目の履歴を開く	Ctrl + R (macOS control + R)
File: New Untitled Text File	無題のファイルを新規作成	Ctrl + N (macOS command + N)
File: Save	ファイルを保存	Ctrl + S (macOS command + S)
File: Save As	ファイルに名前を付けて保存	Ctrl + Shift + S (macOS command + shift + S)

設定に関するコマンド

コマンド	説明	ショートカット
Preferences: Open User Settings	ユーザー設定を開く	-
Preferences: Open Workspace Settings	ワークスペース設定を開く	-
Preferences: Open Keyboard Shortcuts	キーボードショートカットを開く	Ctrl + M → Ctrl + S (macOS command + R → command + S)

その他のコマンド

コマンド	説明	ショートカット
Viewer: Toggle Zen Mode	Zenモードの切り替え	Ctrl + M → Z (macOS command + R + Z)
Extensions: Check for Extension Updates	拡張機能の更新を確認する	-
Close Window	Cursorを閉じる	Ctrl + Shift + W (macOS command + shift + W)

　ところで、多くのコマンドに付いている「File:」や「Preferences:」といったキーワードは、コマンドの分類を表す接頭語です。たとえば「File:」と検索すると、ファイルに関係するコマンドの一覧が表示されます。

　また今まで説明してきたように、コマンドパレットでは語句の一部を入力して候補を絞り込むことができますが、ほかにもコマンド名の大文字の部分だけで検索できたり（例：コマンド「File: Save」は「FS」でも検索可能）、スペースを挟んで複数の語句で検索できたりといった便利な機能もあります。

　このように簡単にコマンドを検索して実行できるコマンドパレットは、Cursorで最もよく使われる機能の1つです。「あの操作がしたい」と思った場合はまずコマンドパレットで検索してみることをおすすめします。

> **Point** **コマンドパレットには「>」が必須**
>
> コマンドパレットで「settings」と検索する際に、表示されている「>」は消さないよう説明しました。その理由は、この記号を削除してしまうと、クイックオープンという別の機能に切り替わってしまうためです。クイックオープンについては、201ページで説明しているので参照してください。
>
> なお、間違えて「>」を消してしまっても、もう一度キーボードで入力すればコマンドパレットとして検索できるようになります。

#標準機能 ／ #設定

Cursorを自分好みにカスタマイズする

カスタマイズしてより使いやすく

標準機能のみを使って、自分が操作しやすいようにCursorをカスタマイズする方法を紹介します。

おすすめの設定項目

Cursorにはたくさんの設定項目が用意されており、それらを細かく設定することでより自分に合った、自分だけのCursorにカスタマイズできます。

ここでは、Cursorを自分好みにカスタマイズするためのおすすめの設定項目として、**①文字の見た目、②行番号の表示方法、③ファイルの保存方法、④カラーテーマ**の4つと、それぞれの設定方法を紹介します。また、操作はすべて**ユーザー設定画面**から行います。

文字の見た目を変更する

文字の見た目の設定として代表的なものに、フォント・フォントサイズ・行の高さがあります。それぞれ変更してみましょう。以下の表はそれぞれの設定項目名の一覧です。

文字の見た目に関する設定項目

設定項目名	説明
Editor: Font Family	フォントの種類を変更する
Editor: Font Size	フォントのサイズを変更する
Editor: Line Height	行の高さを変更する

フォントの種類を変更する

では、フォントの種類を変更してみましょう。まずはユーザー設定画面を開きます。ユーザー設定画面を開くには、コマンドパレットから「Preferences: Open User Settings」コマンドを実行するか、[ファイル] - [ユーザー設定] - [設定]（macOSの場合は [Cursor] - [基本設定] - [設定]）をクリックします。

続いて、目的の設定項目を絞り込みます。今回は「Editor: Font Family」という設定を検索したいため、「font family」と入力してください。表示された候補から「Editor: Font Family」を探します。今回のように設定したい項目名がわかっている場合は、設定画面で検索する方法が便利です。

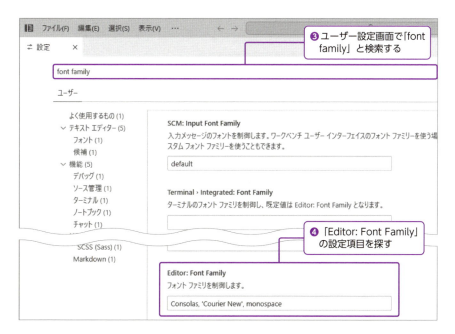

OSによりデフォルトの値は異なりますが、この端末では「Consolas,'Courier New',monospace」という3つのフォントがカンマ区切りで表示されています。Cursorではこのように**カンマ区切りで複数のフォントを指定できます**。一番左のフォントで優先して読み込み、読み込めない文字についてはその右隣のフォントで読み込む、というように使い分けられています。

　この設定を変更し、自分で使用したいフォントに変えましょう。ここでは、「Consolas」を「メイリオ」に変えてみます。なお、「Courier New」のようにフォント名にスペースが入っている場合はシングルクォート（'）で囲ってください。

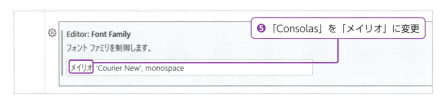

❺「Consolas」を「メイリオ」に変更

　では、フォントが変更されたことを確認してみます。以下の2つの画像は変更前の「Consolas」と変更後の「メイリオ」で入力した文章です。それぞれフォントが異なっていることを確認してください。

フォントのサイズを変更する

　続いてはフォントのサイズを変更してみましょう。

　「Editor: Font Size」の設定項目を確認してください。この端末ではデフォルトのフォントサイズが「14（ピクセル）」です。この値を変更し、自分の好みのフォントサイズにしましょう。ここでは「20」に変更してみます。

フォントサイズが変更されたことを確認してみましょう。フォントサイズが20のときのほうが文字が大きくなっています。

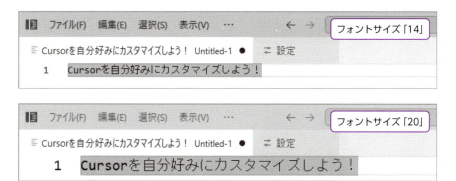

行の高さを変更する

最後に、行の高さを変更してみましょう。

「Editor: Line Height」の設定項目を表示させてください。デフォルトでは「0」となっているので、必要に応じて好みの数字に変更してください。ここでは、「3」に変更します。ちなみに「0」は、フォントのサイズに合わせて行の高さを自動で調整するという意味です。

では、行の高さが変更されたことを確認してみましょう。フォントサイズはそのままに、行の高さだけが変更されていることを確認してください。

行番号の表示方法を変更する

行番号の表示・非表示も設定から変更できます。

行番号とはエディターの一番左に表示されている、行数を示すための番号のことです。行番号があることで行数の確認が簡単になりますが、不要な場合は「Editor: Line Numbers」という設定項目から非表示にすることもできます。また、表示、非表示以外の設定もあります。

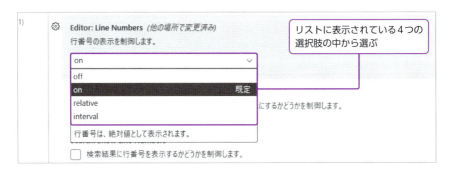

Editor: Line Numbers の設定値

設定値	説明
on	行番号を表示する（デフォルト）
off	行番号を表示しない
relative	カーソルをおいた位置からの相対的な行数を表示する
interval	10行ごとに行番号を表示する

それぞれの設定値で行番号がどう表示されるか見てみましょう。

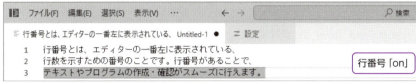

「on」にすると行番号が表示される

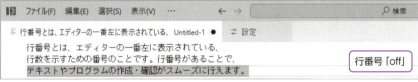

「off」にすると行番号が非表示になる

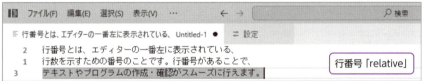

「relative」にすると現在選択している行からの相対的な行数（その行から何行離れているか）が表示される

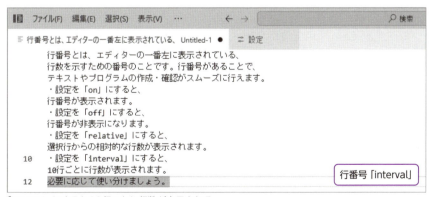

「interval」にすると10行ごとに行数が表示される

ファイルを自動保存する

「Files: Auto Save」という設定項目をデフォルトから変更すると、編集したファイルが自動的に保存されるため保存し忘れることがなくなります。

Files: Auto Save の設定値

設定値	説明
off	ファイルを自動保存しない（デフォルト）
afterDelay	「Files: Auto Save Delay」で指定した時間が経過してから自動保存する
onFocusChange	エディターで操作しているファイルを切り替えると、自動保存する（28ページ参照）
onWindowChange	Cursorからフォーカスが外れたとき（ほかのアプリを操作したときなど）に自動保存する

「File: Auto Save」の設定値が「afterDelay」である場合、「Files: Auto Save Delay」で設定した時間が経過したあと保存します。単位はミリ秒であることに注意してください。デフォルトは1000になっていますが、自分の好きな時間に変更できます。

カラーテーマを変更する

最後に、**カラーテーマ**を変更する方法を紹介します。

カラーテーマとはCursor全体の配色設定のことを指します。文字の見え方やモチベーションなどにも関わってくるので、自分好みのものに変更してみましょう。ちなみに本書では今までたくさんのCursorのスクリーンショットを載せてきましたが、すべて「Light+」というカラーテーマを使っています。カラーテーマは、「Workbench: Color theme」という設定項目から設定できます。

設定はリストの中から選ぶことになります。たくさんの選択肢があり迷うかもしれませんが、いろいろなテーマを使ってみながら、自分に合った設定を探してみましょう。

なお、カラーテーマに関わる拡張機能をインストールすると、このリストにない配色も追加できます。

#標準機能 ／ #設定

section 03 ワークスペースごとに設定を切り替える

プロジェクトごとに使い分け

Cursorは優先度が異なる複数の「設定」を持っています。これを利用して柔軟な環境構築を行う方法を紹介します。

Cursorにおける「設定」について

ここまで、Cursorを操作してたくさんの設定を変更してきましたが、そのすべてが「ユーザー設定」の変更でした。ところがCursorには、以下の表のとおり**ユーザー設定以外の設定が存在します**。どう違うのか、詳しく紹介していきます。

Cursorにおける設定の種類

設定	説明	設定ファイル
ユーザー設定	ユーザーごとに指定するCursor全体のさまざまな設定	settings.json
ワークスペース設定	特定のワークスペースごとの設定	［ファイル名］.code-workspace内の「settings」の部分
フォルダー設定	特定のワークスペース内のフォルダーごとの設定	settings.json

ユーザー設定とは

ユーザー設定はその名のとおりユーザーごとに指定する設定で、Cursor全体に関するさまざまな設定が行えます。変更した内容はsettings.jsonというJSON形式の設定ファイルと連動しており、このsettings.jsonを編集することでも設定を変更できます（105ページ参照）。

ユーザー設定のsettings.jsonは、端末や設定にもよりますがWindowsであれば「C:\Users\［ユーザー名］\AppData\Roaming\Cursor\User」、macOSであれば「/Users/［ユーザー名］/Library/Application Support/Cursor/User」が既定の保存先です。

section 03　ワークスペースごとに設定を切り替える

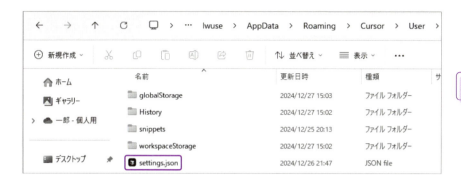

ワークスペース設定を開く方法

　ワークスペース設定とは特定のワークスペースごとに指定する設定のことです。ワークスペース設定ではユーザー設定と同じ項目を設定できます。ワークスペースの説明や作成方法については54ページを参照してください。

　ワークスペース設定も、設定画面から設定変更する方法と、JSON形式の設定ファイルを編集する方法があります。ただし、ワークスペース設定の場合はsettings.jsonというファイルではなく、ワークスペースを保存したときに作成される、[ファイル名].code-workspace内の「settings」の部分を編集することになります（この部分をsettings.jsonと呼ぶこともあります）。

ワークスペース設定画面を開く手順

1. コマンドパレットで「user settings」「settings」などと検索し、コマンド「Preferences: Open User Settings」を実行
2. 設定画面が開いたら、[ワークスペース] タブをクリックする

95

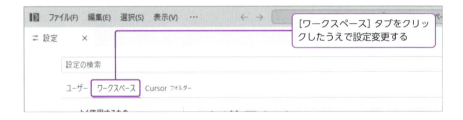

JSON形式の設定ファイルを開く手順
1. コマンドパレットで「workspace settings」「settings」などと検索し、コマンド「Preferences: Open Workspace Settings(JSON)」を実行
2. ワークスペース用の定義ファイル（[ファイル名].code-workspace）が開くので、「settings」の部分を編集、保存する

フォルダー設定を開く方法

　1つのワークスペースには、別々の場所にある複数のフォルダーを含めることができますが、Cursorではワークスペースだけでなくフォルダーごとに設定を変更できます。これがフォルダー設定です。ただし、設定できる項目は限定的です。

　フォルダー設定もユーザー設定やワークスペース設定同様、設定画面から設定変更する方法と、JSON形式の設定ファイルを編集する方法があります。フォルダー設定の場合はsettings.jsonというファイルを編集します。**ユーザー設定の説明で登場したsettings.jsonと名前が同じですが、別のファイルなので注意してください。**

　フォルダー設定のsettings.jsonは、ワークスペースに追加した各フォルダーの中にある「.vscode」フォルダー内に保存されます。ワークスペース内のフォルダーでないと保存されないので注意してください。

フォルダー設定画面を開く手順

1. コマンドパレットで「folder settings」「settings」などと検索し、コマンド「Preferences: Open Folder Settings」を実行
2. 目的のフォルダーを選択する
3. 設定画面が開いたら、「ユーザー」「ワークスペース」タブの隣にフォルダー名のタブが表示されていることを確認する

なお、フォルダー名のタブを選択すると表示される [▼] をクリックすることで、別のフォルダーを選択することもできます。

JSON形式の設定ファイルを開く方法

1. コマンドパレットで「folder settings」「settings」などと検索し、コマンド「Preferences: Open Folder Settings(JSON)」を実行
2. 目的のフォルダーを選択する
3. settings.jsonが開くので、編集、保存する

3つの設定の関係と優先度

　ここまで、ユーザー設定・ワークスペース設定・フォルダー設定の3種類の設定について説明してきましたが、これらの設定の関係と優先度をまとめると次の図のようになります。

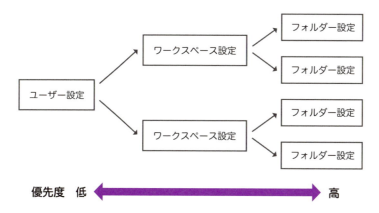

このように設定を階層に分けることで、次のようなメリットが得られます。

・複数の開発プロジェクトに属する人が、ワークスペースごとに異なる設定を適用できる
・ワークスペースごとに（カラーテーマなどの）設定を変えることで、プロジェクトを混同しにくくなる
・ワークスペースやフォルダーなど、その階層で適用したい設定のみ変更すればよい

ワークスペースごとにカラーテーマを変えてみる

　今まで、Cursorにおける「設定」について説明してきました。ここからは実際にワークスペースを複数作成し、それぞれ異なるカラーテーマを設定してみましょう。

ワークスペースを作成する

　事前準備としてワークスペースを複数作成します。ここでは「Cursor」「Cursor_2」という2つのワークスペースを用意しました。ワークスペースの作成方法は54ページを参照してください。

ワークスペース設定を行う

　続いて、ワークスペース設定を変更して、ワークスペースごとにカラーテーマを設定していきます。復習になりますが、ワークスペース設定を変更するには設定画面から変更する方法と、JSON形式の設定ファイルを編集する方法がありました。今回は設定画面からカラーテーマを設定します。

では、試しに「Cursor」というワークスペースには「Abyss」というカラーテーマを設定してみましょう。
　まずはワークスペース「Cursor」を開きます。メニューバーの［ファイル］-［ファイルでワークスペースを開く］をクリックして、開きたい.code-workspaceファイル（今回はCursor.code-workspace）を選択します。
　続いて先ほど紹介した手順のとおりにワークスペース設定画面を開き、「Workbench: Color Theme」の設定項目を表示させたら、リストの1番目に表示されている［Abyss］をクリックします。するとそれまでユーザー設定の「Light+」が適用されており全体的に白い配色でしたが、黒っぽい配色に変更されました。

　これでワークスペース「Cursor」に個別のカラーテーマを設定することができました。続いてワークスペース「Cursor_2」にもカラーテーマを設定してみます。
　Cursorでは1つのウィンドウで複数のワークスペースを同時に開いておくことはできないため、コマンド「Workspace: Close Workspace」を実行するか、Ctrl+Mキー（macOSの場合はcommand+Rキー）を押してからFキーを押して、開いていたワークスペース「Cursor」を一度閉じます。

　ワークスペースを閉じたとき、先ほど設定したカラーテーマ「Abyss」が解除され、ユーザー設定の「Light+」のカラーテーマに戻ったことを確認してください。ワークスペース設定はそのワークスペースを開いている間のみ有効であることがわかります。

section 03 ワークスペースごとに設定を切り替える

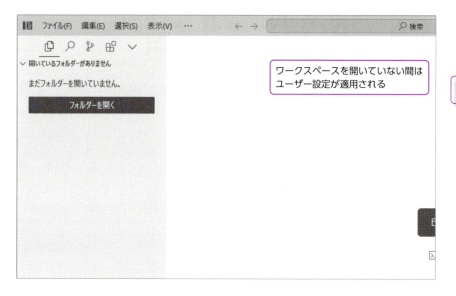

ワークスペースを開いていない間は
ユーザー設定が適用される

次に、先ほどと同じ手順でワークスペース「Cursor_2」と、ワークスペース設定画面を開き、「Workbench: Color Theme」の設定項目を表示させます。今度は[Solarized Light]をクリックすると、淡い黄色の配色に変更されました。

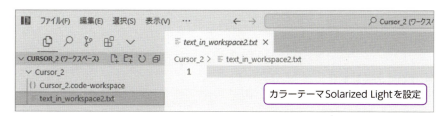

カラーテーマSolarized Lightを設定

このように、ワークスペース設定を使うことでワークスペースごとに異なる設定をすることが可能です。今回はカラーテーマを変更しましたが、86ページで紹介したように、フォントやフォントサイズなどを変更してもよいでしょう。

また、これまで設定変更はすべて設定画面から行ってきました。そのたびにコマンドを実行して設定画面を開き、目的の設定項目を探すなどの手順を踏む必要があったため、「面倒だな」と思った方もいるのではないでしょうか。そんなときに有効なのが、settings.jsonを直接編集する方法です。この方法を使えば大幅に作業時間を削減できます。具体的な手順については、次のページから説明します。

#標準機能 ／ #設定

section 04
JSONファイルから高度な設定を行う

スピーディーに、一気に設定変更

JSONファイルを編集して設定を変更できるようになれば、Cursorをより深く理解して、より便利に使いこなせます。

JSONとは

　今まで「settings.json」や「JSON形式の設定ファイル」などJSONという単語を使った用語がたびたび登場してきましたが、ここであらためてJSONについて説明します。

　JSONとは「JavaScript Object Notation」の略で、データのやり取りに適したファイル形式です。「ジェイソン」と読みます。

　正式名称にもあるJavaScriptのルールをもとにしたファイル形式ですが、他言語とのデータのやり取りにも使われます。また、JSON形式で書かれたファイル（＝JSONファイル）は基本的に「.json」の拡張子がつくことが多いですが、絶対に必要なわけではありません。ワークスペース設定で登場した「[ファイル名].code-workspace」は拡張子が「.json」ではありませんが、JSON形式で書かれたファイルであるため、JSONファイルということができます。

　続いて、JSONの表記形式について簡単に紹介します。

● **JSONの表記形式**

```
{
  "キー名": 数値,
  "キー名": ブール値,
  "キー名": "文字列"
}
```

　JSONの基本の表記形式は、JavaScriptのオブジェクトリテラルのように{}の中に、ダブルクォート(")で囲った「キー名」と対応する「値」をコロン(:)で区切って入力する、というものです。値については文字列、数値、ブール値(true/false)、配列などのデータ型をとることができます。これらの値は基本的にはダブルクォート(")で囲って表記しますが、数値やブール値の場合は使いません。また、カンマ(,)を使えば1組の{}の中に複数のデータを入力できます。基本的な表記形式はこれだけです。

設定画面とsettings.jsonの関係

JSONについてわかったところで、**settings.json**について見ていきましょう。

settings.jsonとはユーザー設定用の設定ファイルで、「.json」の拡張子からわかるとおり、JSONファイルです。ユーザー設定画面と連動しており、ユーザー設定画面を変更すれば、対応する設定項目についての記述がsettings.json上で自動的に書き換えられます。そのため、settings.jsonを直接書き換えることでユーザー設定を変更することが可能です。また一部の項目について、設定画面からの設定変更ができずsettings.jsonからでしか設定できないものもあります。

では実際にユーザー設定画面とsettings.jsonを見てみます。例としてフォントサイズの設定を開くと、ユーザー設定画面とsettings.jsonの画面はそれぞれ次のようになっています。現時点のフォントサイズは15です。

86ページで説明しましたが、ユーザー設定画面におけるフォントサイズの設定項目名は「Editor: Font Size」です。

いっぽうsettings.jsonでは「Editor: Font Size」ではなく「editor.fontSize」というキー名が使われています。settings.jsonでは、設定画面上で表示されている設定項目名ではなく、分類ごとにピリオド（.）で区切って表現する**設定ID**がそれぞれの項目に割り当てられています。

つまり、settings.json上では**「キー名」に設定IDが**、**「値」には設定値**が使われているということになります。

設定値が文字列であればダブルクォートで囲い、数値やブール値であればそのまま記述します。今回はフォントサイズが15という数値なので、そのまま記述しています。

また、つい忘れがちな点として、カンマの存在があります。settings.jsonでは1組の{}の中に設定を列挙していくため、**設定と設定はカンマで区切る必要があります**。なお、カンマさえあれば1行に続けて設定を書いていくことも可能ですが、改行してから次の設定を記述することをおすすめします。1行に1つの設定となっているほうが見やすく、文法的なミスをしてしまった場合にも原因を見つけやすいからです。

● settings.jsonの表記形式

```
{
    "設定ID": "設定値",
    "設定ID": 設定値,
    "設定ID": 設定値
}
```

　次に、ユーザー設定画面とsettings.jsonが連動していることを見るために、ユーザー設定画面でフォントサイズを15から20に変更してみます。

ユーザー設定画面でフォントサイズを20に変更

　再びsettings.jsonを開いてみます。settings.jsonを開いて編集していないにもかかわらず、editor.fontSizeが20に変更されました。

ユーザー設定画面に連動してsettings.jsonの値も変わる

settings.jsonの編集方法

ここからは、settings.jsonを具体的にどう編集すればよいのかについて見ていきます。手順としては次のとおりです。

settings.jsonを編集する手順

1. コマンドパレットで「settings」と検索し、コマンド「Preferences: Open Settings (JSON)」を実行

    似たコマンドに「Preferences: Open Default Settings(JSON)」もあるので注意してください。このコマンドを実行するとdefaultSettings.jsonが開きますが、これは既定（デフォルト）の設定を管理する設定ファイルなので、ユーザーは値を変更することができません。

2. settings.jsonが開くので、編集して保存する

    settings.jsonを編集する方法を、すでにある設定を変更する場合と新規追加する場合に分けて紹介します。

すでにある設定を変更する場合

settings.jsonにすでにある設定を変更する場合の操作は簡単で、設定値を書き換えるだけです。

たとえば、先ほど変更したフォントサイズを20から15に戻してみます。「editor.fontSize」を見ると「20」という値がセットされているので、これを「15」に書き換えます。

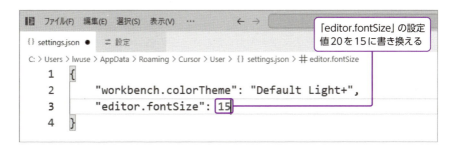

編集したあとに上書き保存します。保存して設定が反映されれば、設定の変更は完了です。

> Point **選択肢の設定を簡単に変更する方法**

カラーテーマなど、複数の選択肢から設定値を選ぶ項目については、簡単に設定を変更する方法があります。

settings.jsonを開き、対象となる設定にカーソルを合わせてみると、エディター左側（行数表示の左隣）に鉛筆のマークが表示されます。この鉛筆マークをクリックするとその設定項目が持つ選択肢が表示されるので、ここから簡単に設定を変更できます。

```
│ファイル(F) 編集(E) 選択(S) 表示(V) …          ←  →

{} settings.json ×  ⇄ 設定

C: > Users > Iwuse > AppData > Roaming > Cursor > User > {} settings.json > …
     1  {
 ✎   2      "workbench.colorTheme": "Default Light+",
     "Abyss"                                : 15
     "Anysphere"
     "Visual Studio Dark"
     "Kimbie Dark"
```

新規追加する場合

　新規追加、つまりsettings.jsonに新しい設定を追加する場合は、目的の設定項目に対応した設定IDを調べ、自分で入力する必要があります。

　とはいっても、ブラウザでその都度調べてコピー＆ペーストする必要はありません。コード補完機能を使って文字を入力しながら調べる方法と、設定画面から設定IDをコピーするという便利な方法があるので、紹介します。

コード補完機能を使う方法

　settings.jsonで何かしらの文字を入力したとき、その語句を含む設定IDの候補が自動で表示されます。これが**コード補完機能**です。

　たとえば「"editor."」とだけ入力してみると、次のように「editor.」の語句を持つ設定IDの一覧が表示されます。あとはここから目的の設定IDを探し、クリックするか、Enterキーで選択するだけです。

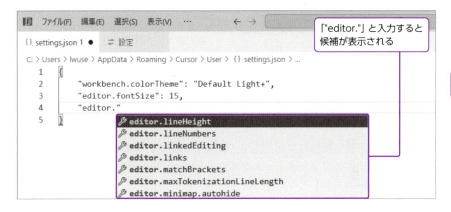

目的の設定IDを探すには、設定IDの説明を表示させると便利です。まず、選択している設定IDにマウスポインターを合わせます。すると「>」が表示されるので、これをクリックすることで説明を確認できます。また、↑↓キーでコマンドを移動すると、移動した設定IDの説明を確認することも可能です。

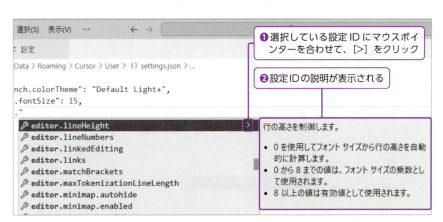

行の高さに関する設定「editor.lineHeight」を選択してみます。すると設定IDはJSON形式で、設定値は設定IDに合わせて予測された値が表示されます。ただし、この設定値は予測された値で確定されておらず、Enterキーを押すと消えてしまうので、好みの設定値を入力してください。

なお、コード補完機能は文字入力中でなくても表示させることができます。その場合は入力済みの文字にカーソルを置いて、Ctrl+Spaceキー（macOSの場合はcommand+Iキー）を押してください。

設定画面から設定IDをコピーする方法

設定IDを自分で調べる別の方法として、設定画面から設定IDをコピーする方法について紹介します。

まずはユーザー設定画面を開きます。

任意の設定項目名の付近をクリックすると、歯車のマークが表示されるので、クリックします。すると［JSONとして設定をコピー］という選択肢が表示されるので、これをクリックすることで設定IDをコピーできます。

設定IDをコピーしたらsettings.jsonに戻り、Ctrl+Vキーなどでペーストしましょう。先ほどコピーした設定IDと設定値がJSON形式で入力されます。この場合の設定値は既定の値が入力されているので、好みの値に変更しましょう。

ちなみに、［JSONとして設定をコピー］ではなく［設定IDをコピー］をクリックすると設定IDだけをコピーすることもできます。

section 04 JSONファイルから高度な設定を行う

settings.jsonでペーストすると、設定IDがJSON形式で入力される

settings.jsonの編集に関する便利な機能

　ここまで、settings.jsonの編集方法について説明してきましたが、ほかにもsettings.jsonを編集する際に役立つ機能があります。

ポップアップで説明を表示させる

　settings.jsonの記述が長くなってくると、設定IDだけを見てそれが何の設定か把握するのが大変です。そんなとき、設定IDや設定値にマウスポインターを合わせると、次のように説明がポップアップで表示されます。この機能を使えば、設定IDを検索して調べる必要はありません。

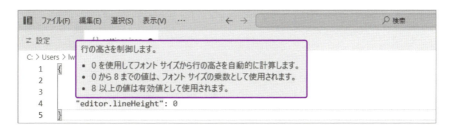

コメントを記載できる

　ポップアップで説明が表示されるとしても、「ひと目でその設定の説明を見たい」「その設定についてメモを残しておきたい」という場合はsettings.jsonにコメントを記載しましょう。

　settings.jsonでは**半角スラッシュ2つ（//）を入れることで、その行に入力される文字をコメントとして認識させることができます**。コメントなのでJSONの表記形式に従う必要はありません。設定の説明を自由に書いてもよいですし、備考やその設定を行った理由を書いてもかまいません。

109

また、コメントを入力するときは、Cursorのコメントアウトのショートカットキーを使うと便利です。Ctrl+/キーを押すと、その行を編集中の言語（この場合はJSON）のルールに従ってコメントにしてくれます。

　「//」は**その行がコメントであることを宣言している**ことに注意してください。コメント行が2行になってしまった場合、次のように2行目にも「//」がないとエラーになります。

エラーの場合は赤字に変わる

　先ほどのコメントの例でも表示されていましたが、settings.jsonでは文法的なエラーが発生している場合その箇所が赤字となります。入力した文字が赤字になった場合は、どこかでミスしているはずなので再度確認するようにしましょう。

ここまで、settings.jsonの編集に関する便利な機能を、一部ではありますが紹介してきました。これらの機能をうまく活用することで、短時間でsettings.jsonから設定を変更することが可能となります。はじめのうちは慣れないかもしれませんが、使っていくうちにsettings.jsonのほうが楽だと感じるようになる人もいるはずです。

　なお、ワークスペース設定やフォルダー設定でも考え方は同じです。ワークスペース設定の場合はsettings.jsonというファイルではなく、ユーザーがワークスペースを保存したときに作成する［ファイル名］.code-workspaceの「settings」の部分を編集することになるので注意しましょう。記述する箇所がやや異なるだけで、記述方法はユーザー設定のsettings.jsonと同じです。フォルダー設定の場合はフォルダー設定用のsettings.jsonファイルを編集しましょう。

Point　ユーザー設定画面とsettings.jsonを簡単に切り替える

今まで、ユーザー設定画面もsettings.jsonも開く場合はコマンドパレットからコマンドを実行するように紹介してきました。しかし実はどちらかを開いていれば簡単にもう一方の画面を開けます。

ユーザー設定画面を開いている場合、エディターの右上に表示されている［設定（JSON）を開く］アイコンをクリックしてsettings.jsonを開くことができます。同じボタンはsettings.jsonを開いたときにも表示されているので、settings.jsonからユーザー設定画面に切り替えることも可能です。

section 05

#標準機能 ／ #設定

定番の操作をショートカットキーに登録する

自分だけのショートカットで効率性アップ

Cursorではさまざまなコマンドをショートカットから実行できるほか、自分オリジナルのショートカットも登録できます。

ショートカット一覧を調べる

　Cursorではさまざまなショートカットが登録されていますが、そのすべてを覚えておくのは困難です。どのようなショートカットがあるのか確かめるために、ショートカットの一覧が用意されています。

　まずはコマンドパレットを開いて、「keyboard shortcuts」と検索してください。候補がいくつか表示されると思いますが、「Preferences: Open Keyboard Shortcuts」のコマンドを実行しましょう。**キーボードショートカット画面**が表示され、ショートカットの一覧を確認できます。

　また、別の方法として［ファイル］-［ユーザー設定］-［キーボードショートカット］を選択しても開けます。

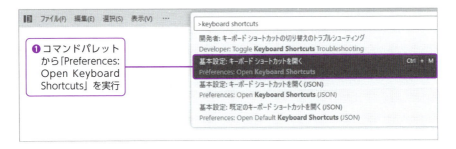

❶コマンドパレットから「Preferences: Open Keyboard Shortcuts」を実行

❷キーボードショートカット画面が表示される

section 05　定番の操作をショートカットキーに登録する

　Cursorに日本語化パックをインストールしている場合は、「コマンド」「キーバインド」「いつ」「ソース」という4つの列が表示されています。

　この画面では、単にショートカットの一覧を確認するだけでなく、**すでに設定されているショートカットキーを変更できます**。なお、画面をスクロールしていくとショートカットの一覧だけでなく、ショートカットが割り当てられていないコマンドも表示されていることがわかります。そういったコマンドに**新しくショートカットを設定する**ことも可能です。

オリジナルのショートカットを設定する

　では、現在ショートカットが割り当てられていないコマンドに対して、ショートカットの設定をしてみましょう。今回はエディターのフォントを拡大・縮小するコマンドにショートカットを割り当てます。

ショートカットを登録するコマンド

コマンド	説明	ショートカット
editor.action.fontZoomIn	エディターのフォントを拡大	Alt + I （macOS option + I）
editor.action.fontZoomOut	エディターのフォントを縮小	Alt + O （macOS option + O）

113

キーボードショートカット画面の上部には入力欄があり、目的のコマンドを絞り込むことができます。ここでは「editor font」と入力してみます。コマンドの候補として「editor.action.fontZoomIn」と「editor.action.fontZoomOut」が表示されます。どちらも「キーバインド」列が空欄になっています。

　まずは「editor.action.fontZoomIn」からショートカットを設定します。コマンド名をダブルクリックして、入力欄を開いてください。

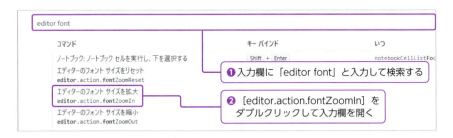

　入力欄が開いたら、設定したいショートカットキーを入力して登録します。ここでは、Alt キーを押しながら I キーを押して、Alt + I のショートカットを登録します。

　Enter キーを押すと入力したショートカットキーが登録されます。入力欄が閉じたら、「editor.action.fontZoomIn」の「キーバインド」列を確認してください。Alt + I と表示されていれば、ショートカットキーの登録は成功です。

これで、「editor.action.fontZoomIn」にショートカットを割り当てることができました。続いて同じ要領で、「editor.action.fontZoomOut」に Alt + O のショートカットを割り当てます。

このように、キーボードショートカット画面から簡単にショートカットを登録できます。

今回設定したエディターのフォントの拡大・縮小は定番の操作ですが、デフォルトではショートカットが登録されていませんでした。このように**「自分としては頻繁に使うのにショートカットがない」コマンドに対してショートカットを登録する**ことで、より効率的に作業できるようになります。

なお、同じ手順ですでに設定されているショートカットキーを変更することもできます。コマンド名の上で右クリックして［キーバインドのリセット］をクリックすれば、ユーザーが変更したショートカットキーが既定のものに戻るので、間違えてキーバインドを変更してしまった場合は活用してください。

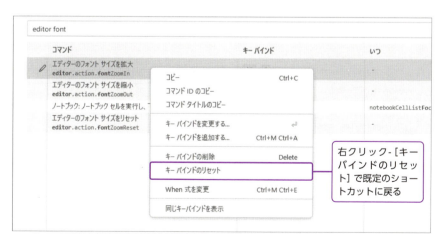

section 06

#拡張機能 ／ #設定

拡張機能を導入する

拡張機能をインストールしてより便利に

Cursorの大きな特徴の1つが優れた拡張性です。拡張機能によって新しいプログラミング言語への対応や、標準にはない便利なコマンドの追加も可能です。

拡張機能とは

　Cursorは標準でも十分に強力なエディターですが、さまざまな拡張機能をインストールすることでさらに機能を強化できる拡張性が大きな魅力です。

　たとえばプログラミングを行う場合、言語ごとに必要な機能をまとめた拡張機能や、入力したコードを自動で整形する拡張機能などをインストールすることで、より効率的な開発が可能になります。また、拡張機能は誰でも開発して無料で公開することができるので、膨大な数の拡張機能から自分の用途に合ったものを利用できます。

拡張機能のインストール方法

　拡張機能は、Microsoftが運営するMarketplaceからインストールします。まずはアクティビティバーから［拡張機能］アイコンをクリックしてMarketplaceを開いてください。

❶拡張機能アイコンをクリックしてMarketplaceを表示させる

　一番上に検索欄、その下に［インストール済み］欄、［推奨］欄が表示されています。［インストール済み］欄にはユーザーがすでにインストールした拡張機能が表示され、［推奨］欄にはCursorが推奨する拡張機能が表示されます。

では、例としてC#を開発するための拡張機能をインストールしてみます。C#はMicrosoft製のプログラミング言語で、通常はIDEのVisual Studioを使って開発しますが拡張機能をインストールすることでCursorでも開発が可能になります。

まずは検索欄に「C#」と入力します。入力するとすぐに検索結果が表示されます。

今回は、検索結果の一番上に表示されているMicrosoftが提供するC#用の拡張機能をインストールします。

検索結果をクリックすると、エディター部分にその拡張機能の提供元、機能詳細、インストール数、評価などが表示されます。［インストール］をクリックするとインストールが始まります。

　インストール開始後、ボタンの表示名が［インストールしています］に変わります。インストールが終わると今度は［無効にする］や［アンインストール］などのボタンが表示されます。

　では本当にインストールできたのか確かめてみます。検索欄内部にある［拡張機能の検索結果のクリア］をクリックして検索欄をクリアすると、［インストール済み］欄が表示されます。そこに先ほどインストールしたC#の拡張機能が表示されていれば、正常にインストールできています。

拡張機能のレコメンド

　先ほどは自分で必要な拡張機能を検索しましたが、Cursorがそのとき開いているファイルの拡張子などから判断しておすすめの拡張機能を推奨（レコメンド）することがあります。
　たとえばPyhtonの拡張機能をインストールしていない状態で拡張子が「.py」のファイルを開くと、拡張機能をインストールするか確認するダイアログがエディター下部に表示されることがあります。

　［インストール］をクリックすればすぐにインストールできるほか、［推奨事項の表示］をクリックして拡張機能の詳細を確認してからインストールすることもできます。「.py」ファイルだけでなく、「.cs」ファイルや「.java」ファイルなどその他の言語でも同様です。
　また、Marketplaceの［推奨］欄にCursorが推奨する拡張機能が表示されていることもあります。自分の用途に適したものがあれば、インストールしてみましょう。

section 07

#拡張機能 ／ #設定

拡張機能を管理する

増えた拡張機能を
整理してスッキリ

インストールした拡張機能が不要になった場合は無効化・アンインストールして整理しましょう。

拡張機能を無効化・アンインストールする

　拡張機能を使っていると、「もう使っていないのにインストールしたままの拡張機能がある」、「役割が似ている拡張機能を複数インストールしている」などということがあります。拡張機能を大量にインストールしているとCursorの動作が重くなることもあるため、不要な拡張機能は無効化やアンインストールして整理しましょう。

拡張機能を無効にする

　無効化とは、拡張機能をインストールしたままで動作しないようにすることです。一時的に拡張機能の使用を停止したい場合に利用します。拡張機能を無効化したい場合は、アクティビティバーから拡張機能ビューを開いて［インストール済み］欄から拡張機能を選択し、［無効にする］をクリックします。

　注意点としては、すべての拡張機能が無効化できるわけではない点が挙げられます。使用を停止したい場合に、アンインストールしか選択肢がないものもあるので注意しましょう。

拡張機能をアンインストールする

　拡張機能が不要であれば、アンインストールしてCursorから削除しましょう。拡張機能のアンインストール方法は先ほどの無効化と同じように拡張機能を選択して［アンインストール］をクリックします。

再起動が必要になる場合

Cursorでは拡張機能をインストールした際の再起動は基本的に不要ですが、無効化やアンインストールした際には必要になることがあるので注意しましょう。その場合は［拡張機能の再起動］が表示されるのでクリックしましょう。

拡張機能を更新する

インストールした拡張機能はデフォルトで自動更新されるようになっているため、ユーザーが個別に更新作業を行う必要はありません。ちなみに以下の設定から更新データの自動確認や自動更新を制御することもできますが、特別な事情がない限りは変更しなくてよいでしょう。

拡張機能の自動更新に関わる設定項目

設定項目名	設定ID	説明
Extensions: Auto Check Updates	extensions.autoCheckUpdates	拡張機能の更新を自動的に確認する
Extensions: Auto Update	extentions.autoUpdate	拡張機能を自動で更新する

また、拡張機能ビューの上部に表示されているフィルターのマークから［更新情報］をクリック（または「@updates」と検索欄に入力）することで、更新可能な拡張機能を表示させることができます。自動更新機能をオフにした場合は、こちらから更新しましょう。

拡張機能についての注意事項

　最後に拡張機能の注意事項を1つ紹介します。それは起動に時間がかかる拡張機能もあるという点です。Cursorを起動して間もなく、検索欄の上をバーが動いています。このバーが移動している間は、拡張機能をアクティブ化している最中であることを示しています。拡張機能はCursorが立ち上がってから読み込みが始まるため、バーが消えて拡張機能が表示されるまで待ちましょう。

CHAPTER 4

Web制作を行おう

section 01

#拡張機能 ／ #Web開発

作成中のWebページの確認をしやすくする

プレビューを確認しながらコーディング

拡張機能Live Serverを使うと、サーバー構築などの知識がなくても開発中のWebページをクリック1つで開くことができます。

Live Serverで簡易ローカルサーバーを構築

　いよいよ本章から、Web制作に便利な機能を解説していきますが、その準備としてまずは、拡張機能である**Live Server**を設定しておきましょう。拡張機能Live Serverは、ローカル端末に簡易的なサーバーを立ち上げて、HTML／CSSファイルの内容が反映されたプレビューを即座に開いてくれる機能です。プレビューを見ながらコード編集を行えるので、コーディング→確認を繰り返すフロントエンド開発には欠かせません。

MarketplaceでLive Serverを検索

　Live Serverをインストール後、Cursorでフォルダーを開くとステータスバーに[Go Live]という表記が出現します。**HTMLファイルをエディターで開いた状態で[Go Live]をクリック**すると、ローカルサーバーが起動してHTMLとCSSの内容が反映されたWebページがブラウザで表示されます。

❶ フォルダーを開いた状態でステータスバーの［Go Live］をクリック

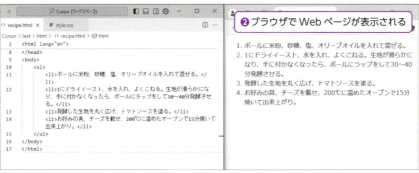

❷ ブラウザで Web ページが表示される

ライブリロードでブラウザを自動再読み込み

　Live Serverには、ブラウザでプレビューを表示するだけでなく、ファイルを修正して保存したときに自動でブラウザを再読み込み（リロード）する**ライブリロード**という機能があります。

　プレビューを表示したままHTMLファイル、またはCSSファイルを更新すると、**Live Serverがファイルの保存を検知してブラウザを自動でリロード**してくれます。

ファイルを修正・保存するとブラウザが自動でリロードされる

プレビュー機能とライブリロードによって、ファイルの修正→プレビューの確認→ファイルの修正……の繰り返しをアプリの切り替えなしで行えるようになり、フロントエンド開発が大幅にスピードアップします。

❶HTMLファイルを編集・保存してプレビューを確認

❷CSSファイルを編集するとスタイルが適用される

　また、settings.json（102ページ参照）に以下の記述を追加することで、**プレビューを表示するブラウザを指定できます。**

● settings.json

```
{
    "liveServer.settings.CustomBrowser": "chrome"
}
```

　liveServer.settings.CustomBrowserの設定値にはほかにも以下のものがあります。

・chrome:PrivateMode
・firefox
・firefox:PrivateMode
・microsoft-edge
・blisk

> **Point** 単体のファイルを開いた状態では
> プレビューできない
>
> Live Serverをインストールしていても、フォルダーではなくHTMLファイルを単体で開いている状態ではブラウザでプレビューを表示することができません。プレビューを表示するときは、対象のHTMLファイルが含まれているフォルダーまたはワークスペースを開いてください。
>
> 単体のファイルを開いた状態でプレビューしようとするとエラーメッセージが表示される

ローカルサーバーを停止する

Live Serverによるプレビューを終了するには、ステータスバーに表示されている［Port：5500］をクリックします。ローカルサーバーが停止して、ライブリロードが行われなくなります。

［Port：5500］をクリックしてサーバーを停止

section 02

#Composer ／ #プロンプトのコツ

AIにたたき台を作ってもらう

AIに骨格を
作ってもらう

CursorでWeb制作やプログラミングを行う際のコツは、自分が作ろうとしているコンテンツを一気に完成状態まで作ろうとしないことです。

たたき台を作ってもらう

CursorでAIに1からプログラムやHTMLのソースコードを生成してもらうには、**Composer機能**を使用します。なお、AIにプログラムのソースコードを生成してもらう際は、**できるだけ曖昧さをなくし、指示内容を明確にすることが重要**です。とはいえ、あまりに条件が多く複雑なプロンプトで依頼すると、多くの場合、自分が思ったようにコードを生成してもらえません。そこでまずは骨格となる部分を明確に伝え、たたき台となるコードを生成してもらいましょう。

たたき台の作成

ここでは、あるフロントエンドエンジニアのポートフォリオサイトを作成することを想定して進めていきます。そのサイトに含まれる要素として、「自己紹介」「プロジェクト」「お問い合わせフォーム」の3つを表示できることとします。ただし、文章の内容などはAIに任せることにします。

まず、作業用のフォルダーとして「portfolio」というフォルダーを作成し、Cursorで開きます。そして [Toggle AI Pane] をクリックしてCOMPOSERパネルを表示させます。

❶「portfolio」フォルダーを開く　❷ [Toggle AI Pane] をクリック　❸ COMPOSERパネルを開く

次のようにプロンプトを入力して、Enterキーを押して実行します。なお、プロンプト内で改行する場合はShiftキーを押しながらEnterキーを押します。

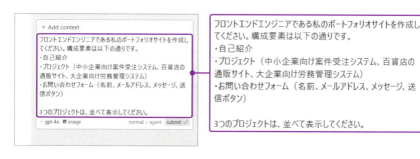

　すると、次のようにHTMLとCSSのコードを生成してくれます。ここではひとまず確認のために [Accept all] をクリックして、提案を受け入れることにします。

　次に生成されたページをブラウザで確認しましょう。ここでは124ページで導入したLive Serverの機能を使い、今後HTMLやCSSファイルなどが生成されるたびにブラウザが自動で更新されるようにします。

　まずサイドバーのエクスプローラーで「index.html」を右クリックして、[Open with Live Server] をクリックするとLive Serverが起動して、ブラウザが立ち上がり、生成されたHTMLファイルを確認することができます。なお、以降の確認は、ブラウザが開いた状態にしておけば、ファイルが更新されるとブラウザの画面も自動で更新されます。

生成されたページが次のように表示されました。プロンプトで指示したとおり、3つの要素を入れ込んでくれています。多少内容が違っていても、概ねこのようなものが生成されていれば大丈夫です。

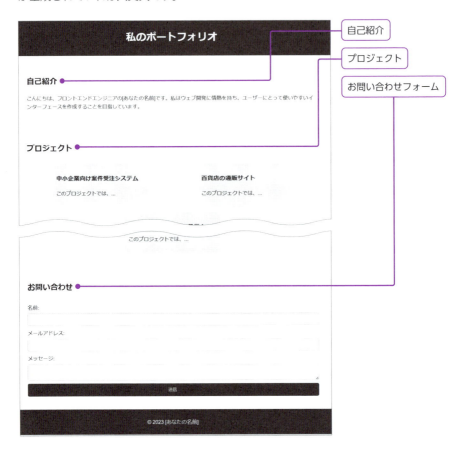

生成をやり直す

　今回のように一度で思ったように生成してもらえなかった場合、やり直すこともできます。COMPOSERパネルをスクロールして先ほど送信したプロンプトまで戻り、[Restore] をクリックすると、「Revert file changes?」というウィンドウが表示されます。[Continue] をクリックすると、プロンプト送信前の状態に戻ります。

section 02 AIにたたき台を作ってもらおう

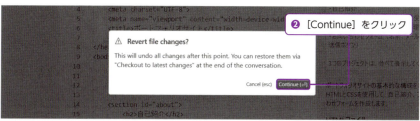

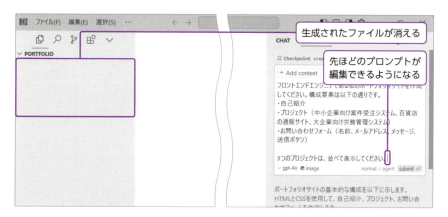

　生成されたファイルが消え、また、先ほどのプロンプトが編集できるようになります。AIは、同じプロンプトでも異なる結果を生成することがしばしばあります。うまくいかない場合は何度か同じプロンプトを実行してみたり、少し表現を変えたりするなど、試行錯誤してみるとよいでしょう。

　ただし、Restoreで前の状態に戻したあとにソースコードを編集すると、先ほど生成した状態には戻すことができません。元に戻したくなる可能性が高い場合は、別の場所に生成したファイルのコピーを残しておくとよいでしょう。

Command K ／ # Tab

section 03
AIに完成度を高めてもらおう

AIと細かい調整をする

たたき台として生成したコードを、いくつかの方法で少しずつAIに修正を加えてもらい、完成形に近づけていく方法を見ていきましょう。

プロンプトでコードを修正する

　たたき台として生成したコードを、自分の考える完成形に近づけるために、AIにさらに指示を出して修正していきましょう。ここでは、ポートフォリオサイトの「プロジェクト」の各項目を1つずつ画面の右から左にスライドさせて表示してもらうことにします。

　HTMLファイルやCSSファイルなどとも関連づけて考える必要があるため、ここでも前のsectionの続きで、COMPOSERパネルからプロンプトを送信して修正してもらいます。次のようにプロンプトを入力し、Enter キーを押して送信してください。

❶ COMPOSER パネルを開く

❷ プロンプトを入力して Enter キーを押す

　すると、次のような修正を提案されました。[Accept all] をクリックしてブラウザで確認します。

section 03　AIに完成度を高めてもらおう

❸ [Accept all] をクリック

記載項目ごとに分けられるなど、デザインが変更された

プロジェクトの項目がスライドして表示されるようになった

AIの提案内容にもあるように、プロジェクトの項目を動的に表示するために、JavaScriptのファイルが追加されました。HTMLやCSSのファイルも、この追加やデザインの変更に合わせて同時に修正されています。

　なお、生成された結果が意に沿わなかった場合、続けてプロンプトで指示を出して修正することもできます。また、修正を重ねる中で、何度か前の指示の状態に戻したい場合もあるでしょう。戻したい生成結果を指示したプロンプトまで戻り、[Restore]をクリックしてください。「Revert file changes?」と表示されるので、[Continue]をクリックすると、その時点までの状態に戻り、そのプロンプトを編集できる状態になります。

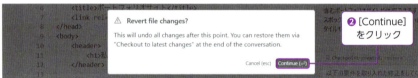

Command K機能でコードを修正する

　ここまでにAIが生成したWebページを見てみると、おおむね意に沿った仕上がりになってきました。しかし、ところどころ部分的に修正したいと思う箇所もあるでしょう。軽微な修正に対してComposer機能を使用すると、**意図した箇所以外も修正されてしまうことがあります**。そのようなときは、Command K機能を利用するとよいでしょう。この機能はmacOS版のショートカットキー Command + K に由来するもので、Windows版では Ctrl + K に対応します。以降はWindows版でのショートカットキーで説明しますので、macOS版では Ctrl を Command に読み替えてください。

　ここではお問い合わせフォームの[送信]ボタンにマウスポインターをホバーしたときに、ボタンの色を明るくし、また立体的になるようにコードを修正してもらいます。まずstyles.cssを開き、button要素の設定をすべて選択すると、[Chat Ctrl+L][Edit Ctrl+K]というボタンが表示されます。ここでEdit側をクリックするか、 Ctrl + K キーを押すと、プロンプトの入力欄が表示されます。

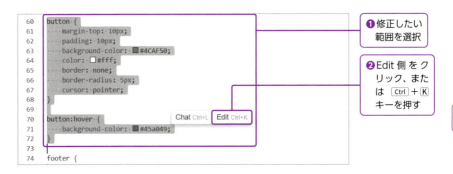

プロンプトの入力欄に指示を入力し送信すると、選択したコード部分の修正候補が表示されるので、Ctrl+Enterキーを押して確定します。

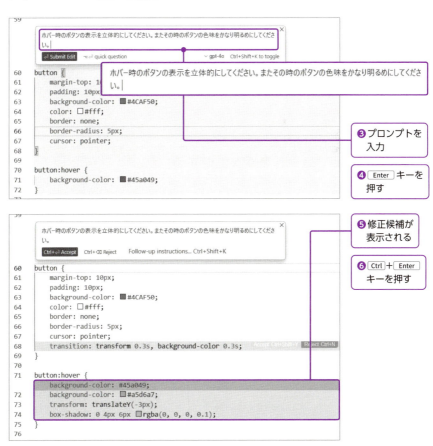

編集したファイルを保存してブラウザを確認すると、次のようにマウスポインターをホバーする（ボタンの上にマウスポインターに乗せる）と、ボタンの色が明るくなり、影が表示されて立体的に見えるようになりました。

　なお、Command K機能で修正した際に、別の場所に影響が出てしまうこともあります。今回の例では、送信ボタンがフッターに隠れてしまうといった不具合が生じる可能性があります。生成された結果は随時ブラウザで確認し、不具合があれば再びソースコードの関連する箇所を選択してCommand K機能で指示を出し、修正を繰り返しましょう。

Cursor Tabでコードを逐次生成する

　先ほどのように、すでに記述した部分を修正するにはCommand K機能を利用すればよいですが、さらにコンテンツを追加したいときや、どのようにコードを追加していくべきか目処が立っているときなどには、Cursor Tab機能が有用です。
　ここでは、現状の3つのプロジェクトに1つ加えて、4つ表示するようにしてみます。まずindex.htmlを開き、プロジェクトを追加する場所で改行します。すると、「<div class="project">」と入力候補が灰色の文字で表示されます。その状態で Tab キーを押すと、その候補が挿入されます。続けて Tab キーを押していくと、その続きも生成されます。

136

section 03 AIに完成度を高めてもらおう

最終的に、プロジェクト項目を追加するコードがすべて挿入されました。

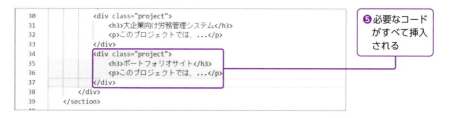

h3要素の中身を次のように書き換えてから保存して、ブラウザで確認すると、4つ目のプロジェクトの項目が追加されているのが確認できます。

section 04

#@Symbols ／ #Codebase Answers

AIにアドバイスをもらおう

AIと細かい調整をする

生成したWebページのデザインや内容に関する改善点や、コーディングスタイルにのっとっているかどうかなどを、AIに指摘してもらうことができます。

@Symbolsでコード規約を参照できるようにする

　チームで制作するWebサイトなどでは、コーディングの規約などが定められていることがあります。しかしそれに基づいてコーディングできているかを自分でチェックするにはそれなりに手間がかかります。そんなときにCursorの@Symbols機能を使えば、チェックをAIに任せることができます。

　まずチェックしてもらいたいファイルが格納されているフォルダーを開き、CHATパネルを開きます。プロンプトの入力欄に「@」と入力すると、入力候補が表示されるので、その中の［Docs］をクリックします。

❶ ［Docs］をクリック

　すでに参照するドキュメントが登録されている場合はそれが表示されますが、ここではまだ登録されていない状態なので、［+Add new doc］だけが表示されています。これをクリックすると、URLの入力欄が表示されます。今回は、Googleのコーディング規約のサイトのURL（https://google.github.io/styleguide/htmlcssguide.html）を入力して、Enter キーを押します。

　するとドキュメントの名前などを入力する画面に変わるので、名前などを適宜編集して［Confirm］をクリックします。すると、CHATパネルのプロンプト入力欄に、「Googleスタイルガイド」というリンクが挿入され、プロンプトの実行時にこれを参照してもらうことができるようになります。

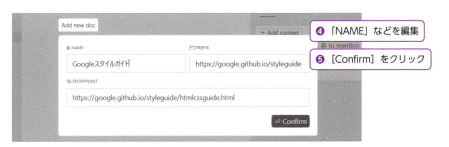

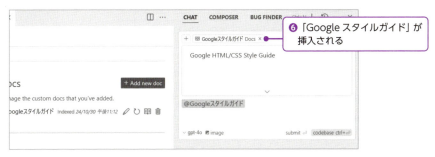

コードの改善点やコード規約を守れているかの確認を依頼する

　上の手順で追加したドキュメントを参照して、コード規約を守れているかどうかを確認してもらいましょう。また同時に、Webサイトとしての改善点がないかどうか

をチェックしてもらいます。

　先ほどのプロンプト入力欄に、次のように箇条書きでチェック項目を列挙して依頼します。なお、プロンプトを送信する際は、Enterキーではなく Ctrl + Enter キーを押してください。これにより、単なるチャットではなくCodebase Answers機能（211ページ参照）が発動し、コード全体（今回の場合、HTML、CSS、JavaScriptの3ファイル）の内容を考慮して依頼を実行してもらえます。

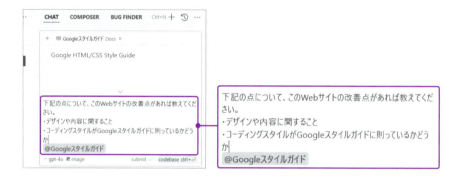

　これを実行した結果、CHATパネル内で次のような結果が返ってきました。まず、「デザインや内容に関する改善点」としては次のような結果で、4つのポイントについて改善点を示してくれました。

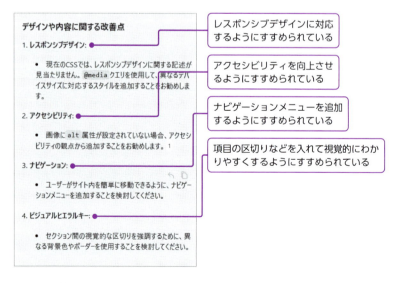

　さらに続けて、コーディングスタイルについての確認も行ってもらえています。

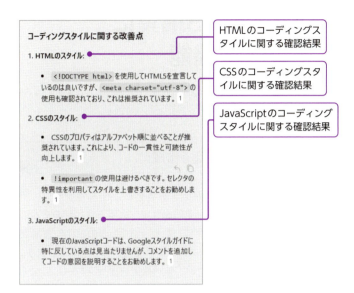

　AIからのアドバイス結果の中に、数字のリンク（次の画像の [1]）が表示されています。これはこのアドバイスの根拠となるドキュメントなどへのリンクで、クリックすると参照元を開くことができます。ここでは先ほど指定したGoogleスタイルガイドへのリンクとなっています。

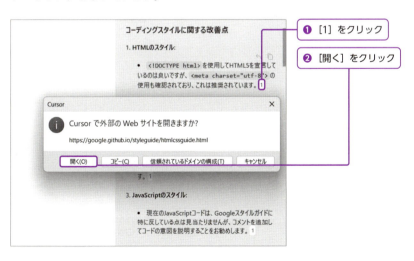

標準機能 ／ # Web制作

section 05

HTMLやCSS編集に役立つ標準機能

省略記法で楽にコーディング

CursorにはHTML、CSSを素早く入力したり、編集をCursorの画面上だけで完結させたりするための機能が標準で搭載されています。

EmmetでWebページの雛形を一瞬で作成

Emmet（エメット）とは、HTMLやCSSを日常的に編集するWeb制作者向けに開発された入力支援ツールです。省略記法とよばれる簡単なキーの組み合わせのあとに Enter キーを押すことで、Webページの雛形を作成したり、いくつものHTML要素を一度に生成したりできるので、これを使いこなせば入力の手間を大きく削減できます。

CursorにはEmmetが標準で搭載されているため、拡張機能をインストールしなくても最初からEmmetを使用できます。まずは、HTMLファイルを新しく作成して、Emmetの省略記法で**Webページの雛形を作る**方法を紹介します。

拡張子.htmlを付けて新しいファイルを作成（49ページ参照）したあと、半角の「!」を入力して Enter キーを押してみましょう。

❶空のHTMLファイルを作成

❷「!」を入力すると、Emmet省略記法（Emmet Abbreviation）の候補が表示される

❸ Enter キーを押す

```
<> index.html ●
Cursor > text > html > <> index.html > </> html
    1   <!DOCTYPE html>
    2   <html lang="en">
    3   <head>
    4       <meta charset="UTF-8">
    5       <meta name="viewport" content="width=device-width, initial-scale=1.0">
    6       <title>Document</title>
    7   </head>
    8   <body>
    9
   10   </body>
   11   </html>
```

❹Webページの雛形が作成される

たったこれだけの入力で、headタグ、bodyタグなど基本的な要素を持つ11行のWebページの雛形を作成できました。

Emmet：HTMLタグを追加

Emmetには、Webページの雛形だけでなくさまざまな省略記法が用意されています。**タグ名を入力して Enter キーを押すと、開始タグと終了タグが自動で入力されます**。この省略記法でbody内にtableタグを追加してみましょう。

```
    3   <head>
    4       <meta charset="UTF-8">
    5       <meta name="viewport" content="width=device-width, initial-scale=1.0">
    6       <title>Document</title>
    7   </head>
    8   <body>
    9       table
   10   </body>     table                    emmet 省略記法
   11   </html>
```

❶「table」と入力
❷ Enter キーを押す

```
    3   <head>
    4       <meta charset="UTF-8">
    5       <meta name="viewport" content="width=device-width, initial-scale=1.0">
    6       <title>Document</title>
    7   </head>
    8   <body>
    9       <table></table>
   10   </body>
   11   </html>
```

❸tableタグが追加される

タグが追加されるだけでなく、カーソルが開始タグと終了タグの間に配置されるのも、些細ですが便利なポイントです。

　単純にタグを追加するだけでは省略記法のありがたさをあまり感じられないかもしれませんが、**タグ名のあとにCSSセレクターを書くことで、class属性やid属性を設定できます**。CSSセレクターと同じように、class属性は「.」、id属性は「#」のあとに入力します。

　class属性を持つpタグと、id属性を持つpタグを追加してみましょう。入力例のあとに Enter キーを押してください。

● 入力例
```
p.attention
```

● 結果
```
<p class="attention"></p>
```

● 入力例
```
p#introduction
```

● 結果
```
<p id="introduction"></p>
```

　また、**CSSセレクターのみを書くと自動的にdivタグが追加されます**。これを覚えておくとさらに入力の手間を減らせます。

● 入力例
```
.quote
```

● 結果
```
<div class="quote"><div>
```

144

Emmet：複数の要素を一度に追加

Emmetで複数の要素を一度に追加する方法を紹介します。これをマスターするとたった1行の省略記法で何行ものHTMLコードを入力できるので、同じような入力を繰り返す必要がなくなります。

「タグ名>タグ名」と入力すると、親要素・子要素を同時に追加できます。入れ子構造を持つ要素を作るのに役立ちます。

● 入力例
```
section>.text>p
```

● 結果
```
<section>
    <div class="text">
        <p></p>
    </div>
</section>
```

+でタグ名をつなぐと、つないだ要素同士が**兄弟要素（共通の親要素に属する要素）**になります。

● 入力例
```
section>image+p
```

● 結果
```
<section>
    <image></image>
    <p></p>
</section>
```

同じ要素を繰り返したい場合は、**「タグ名*数字」**と入力します。数字の部分には繰り返したい回数を指定します。olタグやulタグなど複数の項目を持つ要素を作るときに効果を発揮します。

● 入力例

```
ol>li*3
```

● 結果

```
<ol>
    <li></li>
    <li></li>
    <li></li>
</ol>
```

省略記法の一部を()で囲むと、その部分を**グループ化**できます。たとえば、imageタグとpタグの組み合わせを繰り返したいときはimage+pをグループ化してから繰り返します。

● 入力例

```
(image+p)*2
```

● 結果

```
<image></image>
<p></p>
<image></image>
<p></p>
```

> **Point** **Emmet：チートシート**
>
> Emmetには、ここで紹介した以外にも便利な省略記法が実装されています。以下のURLからEmmetの省略記法を一覧で確認できるので、さらに学びたい方は参照してください。
>
> **Emmet Cheat Sheet**
> https://docs.emmet.io/cheat-sheet/

カラーピッカーで色を選択する

　Webページ開発をはじめとするフロントエンド開発では、色を確認するための機能が欠かせません。Cursorでは、エディター内だけで色を確認できる機能が標準で備わっています。

　たとえば、CSSで色を指定するプロパティを入力する際に、色の名前から候補を選択できます。

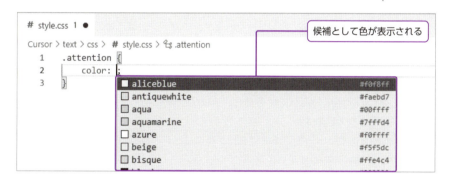

　色を表す値を入力すると、左側にその色が表示された状態になります。さらに、この正方形にマウスをあてると**カラーピッカー**が表示され、彩度・不透明度・色相をマウス操作で調整できます。

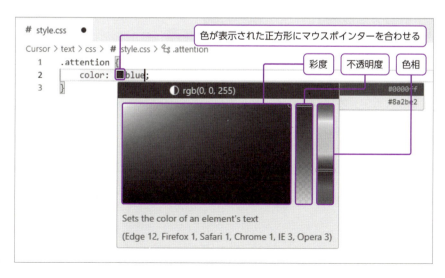

\#拡張機能 ／ \#コーディング全般

コードを整形する

自動フォーマットで
より美しいコードに

AIでは直せなかったり、書き方を統一できなかったりするコードは、ツールを使って修正しましょう。

Prettierを使ってコードをフォーマット

　各行の終わりにセミコロンを入力しているか、インデントは適切に行われているかなどの観点から、ソースコードを自動で整形してくれるツールを**フォーマッタ**といいます。Cursorの拡張機能にはさまざまな種類のフォーマッタがありますが、**Prettier（プリティア）** はJavaScript、TypeScript、JSON、CSS、HTML、Markdownをはじめとして多くの言語に対応しているため、Web制作者に限らず多くのソフトウェア開発者に愛用されています。

　Prettierを使ってコードをフォーマットするには、まず拡張機能「Prettier - Code formatter」をMarketplaceからインストールします（116ページ参照）。

MarketplaceでPrettierを検索

　続いて、設定画面から [Editor: Default Formatter]（デフォルトのフォーマッタ）を [Prettier - Code formatter] に変更します。

section 06 コードを整形する

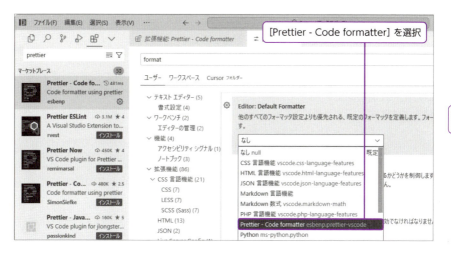

これで、Prettierでコードをフォーマットする準備ができました。フォーマットしたいファイルを開いた状態でショートカットを押すか、右クリック - [ドキュメントのフォーマット] でコードを整えます。

| key ドキュメントのフォーマット | ⊞ Shift + Alt + F Shift + option + F |

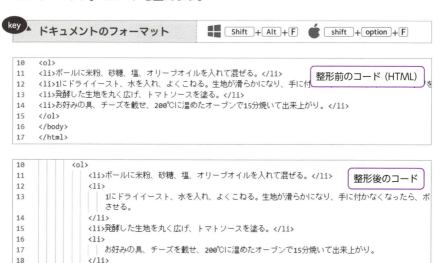

HTMLが正しくインデントされた

149

フォーマットの設定を変更する

Prettierでのフォーマットに関する設定は、設定画面から変更できます。**これらの設定を開発プロジェクトのメンバーで合わせておくと、ソースコードの体裁を簡単に統一できます。**

Prettier に関する主な設定項目

名前	説明
printWidth	自動折り返し文字数
tabWidth	タブのサイズ
semi	文の末尾にセミコロンを付けるか
singleQuote	二重引用符の代わりに単一引用符を使用するか
endOfLine	改行文字のコード

設定ファイルを作成する

次に、**Prettier専用の設定ファイル**を作成してフォーマットの設定を行う方法を紹介します。**この設定ファイルの内容はCursorの設定画面の内容より優先されます。**

Prettierの設定ファイルは、**開いているワークスペースやフォルダーの直下に作成します。**ファイル名や形式にはいくつか種類がありますが、ここでは**「.prettierrc」**という名前でJSON (JavaScript Object Notation) 形式のファイルを作成します。

section 06　コードを整形する

フォルダー直下に「.prettierrc」を作成

作成した「.prettierrc」ファイルに、Prettierの設定を書き込みます。ここではJSON形式の詳しい書き方を説明しませんが、以下のようにキーと値のペアを波かっこ（{}）で囲むオブジェクトというデータ型で設定を行います。

.prettierrc

```
{
    "printWidth": 80,
    "tabWidth": 4
}
```

言語ごとにフォーマットの設定を変える

　Prettierの設定ファイルに言語ごとの設定を記述することで、「JavaScript形式のファイルではtabWidthは2だが、ほかの形式では4にしたい」など**言語によって異なる設定でフォーマットができます**。
　JSONのオブジェクトに**"override"**というキーを追加すると、それより上に書いてある設定内容を上書きします。先ほどの.prettierrcに"override"を追加して「JavaScript形式のファイルではtabWidthは2」という設定を記述すると次のようになります。

.prettierrc

```
{
    "printWidth": 80,
    "tabWidth": 4,
    "overrides": [
```

```
        {
            "files": "*.js",
            "options": {
                "tabWidth": 2
            }
        }
    ]
}
```

「"files": "*.js",」の行でファイル形式を指定しているので、この部分を書き換えるとほかの形式でも設定を行えます。

フォーマットを行わないファイルを指定する

特定のファイルやファイル形式でフォーマットを行いたくない場合は、ワークスペースまたはフォルダーの直下に**「.prettierignore」**という名前のファイルを作成し、ファイル名や形式を指定します。

❶フォルダー直下に「.prettierignore」を作成

❷フォーマットを行わないファイルを指定

> **Point** Prettier の設定ファイルを Git で共有

前述のように設定ファイルの内容は Cursor の設定画面の内容より優先されるため、第 6 章で解説する Git で Prettier の設定ファイルを共有すると、メンバーそれぞれが設定を行わなくてもコーディングの規約を統一できます。

ファイル保存時に自動でフォーマットを行う

設定画面で「Editor: Format On Save」にチェックを入れると、**ファイル保存時に自動でフォーマットを実行します**。フォーマットをし忘れることがなくなるので、常にコードが整った状態を維持できます。

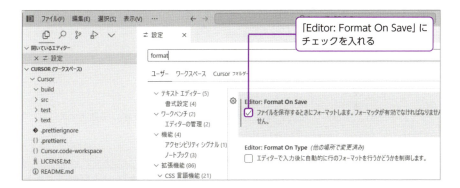

「Editor: Format On Save」にチェックを入れる

自動フォーマットに関するその他の設定項目

名前	説明
Editor: Format On Save Mode	保存時に自動でフォーマットする範囲を設定する。「file」ならファイル全体、「modification」ならソース管理ツール（216ページ参照）で検出された変更箇所のみフォーマットする
Editor: Format On Paste	ファイルにソースを貼り付けたときに自動でフォーマットする。既存のコードを利用する際などに役立つ
Editor: Format On Type	行の終端文字（セミコロンなど）を入力したときに自動でフォーマットする

Fix Lintsでコードの品質を上げる

Fix Lintsは、文法誤りなどの静的なエラーを検出し修正も行える、AIを用いたCursorの標準機能の1つです。これを活用すると、よりコードの品質を高めることができます。

では、Fix Lintsを使ってコードを修正してみましょう。まずは、エラーになっている箇所にカーソルを合わせます。するとポップアップが表示されるので、[Fix in Chat] をクリックするか Ctrl + Shift + E キーを押すと、画面右側にチャットが表示されます。

チャットには、エラーの原因と修正したコードが表示されます。提案されたコードを反映したい場合は [Apply] をクリックします。

すると元のコードは赤、修正案のコードが緑の背景色で表示されます。修正案のコードで問題ないときは [Accept] をクリックしましょう。修正案でコードが置き換わるので、エラーが解消します。

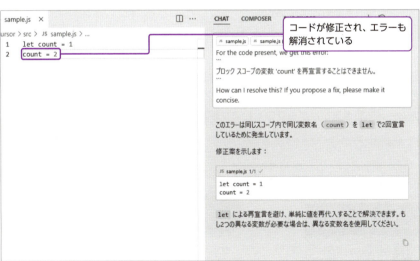

section
07

#拡張機能 ／ #Web開発

CSSとHTMLを
自在に行き来する

CSSの定義をチラ見

拡張機能CSS Peekを使えば、HTMLファイルで使われているクラス名やid名がCSSファイルでどう定義されているか簡単に確認できます。

CSS PeekでCSSファイルでの定義をピーク表示

　Cursorには、プログラムで使用している関数や機能の定義を表示する、**ピーク表示**という機能があります。Cursor自体のピーク表示機能の詳細は202ページで解説しますが、ここでは、CSS Peekという拡張機能を使い、CSSについてピーク表示を行う方法について紹介しておきましょう。

JavaScriptファイルで、別のファイルで定義したメソッドをピーク表示

　CSS Peekは、CSSファイルで定義した内容をピーク表示できる拡張機能です。これをインストールすることで、**HTMLファイルとCSSファイルをエディター上でスムーズに行き来しながらフロントエンド開発が行えます**。

MarketplaceでCSS Peekを検索

156

section 07 CSSとHTMLを自在に行き来する

CSS Peekをインストール後、HTMLファイルで要素に設定されているクラス名やid名を右クリック - [ピーク] - [定義をここに表示] をクリックすると、CSSファイルをピーク表示してエディターを切り替えずに定義を確認できます。

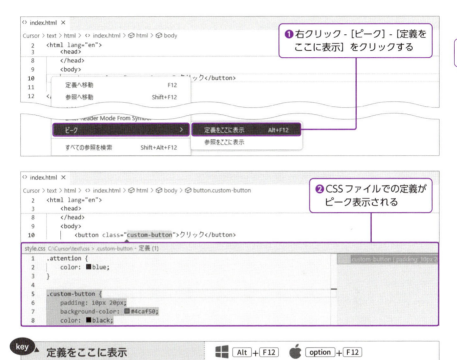

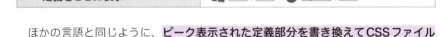

ほかの言語と同じように、**ピーク表示された定義部分を書き換えてCSSファイルを編集することもできます**。

CSSファイルの定義部分に素早く移動

CSSファイルを本格的に編集したい場合は、HTMLファイルから**CSSファイルの定義部分に移動することもできます**。右クリック-[定義へ移動]をクリックするか多くの統合開発環境と同じく F12 キーを押し、表示されたリンクをクリックします。

Point 「参照へ移動」機能はない

CSS Peek を使うと、HTMLファイルで使われているクラス名、id 名から CSS ファイルの定義へ移動することはできますが、逆に CSS ファイルの定義部分からそれが使われている部分（参照部分）へ移動することはできません。
CSS ファイルでクラス名や id 名を変更するときは、検索・置換機能（72ページ参照）などを使って参照部分の修正漏れがないように注意してください。

CSSの定義内容をホバー表示

　HTMLファイルを編集中に Ctrl キーを押しながらCSSクラスの部分にマウスをあてると、マウスポインターの形が変わって小さなウィンドウで定義内容が表示(**ホバー表示**)されます。ピーク表示や定義に移動する方法より、手軽にCSSファイルの内容を確認できます。

　ホバー表示された状態でCSSクラスをクリックすると、定義部分へ移動することもできます。

❶ Ctrl キーを押しながらマウスをあてると、定義がホバー表示される

❷ クリックすると定義へ移動する

section 08

#拡張機能 ／ #Web開発

エディター上で画像をプレビューする

画像の指定ミスを
ゼロに

Web開発ではソースコード上に画像ファイルのパスを指定することが多くあります。Image previewは画像ファイルの確認を簡単に行うための拡張機能です。

Image previewで画像をサムネイル表示

　HTMLファイルで画像ファイルのパスを指定するとき、同じフォルダーにある別の画像ファイルを指定してしまってもエラーなどが表示されないため、通常はLive Server（124ページ参照）のプレビューなどで正しい画像を指定できているか目視で確認する必要があります。

　そんな画像の確認を、エディター上だけで行えるようにしてくれるのが、拡張機能 **Image preview** です。画像のパス部分にマウスポインターを合わせることでプレビューが表示されたり、エディターの行番号の横に画像のサムネイルが表示されたりするので、画像の指定ミスを防げます。

MarketplaceでImage previewを検索

　Image previewが有効になっていると、HTMLファイルやMarkdownファイルなどで画像ファイルのパスを書いた**行の左側に、画像のサムネイルが小さく表示されます**。サムネイルは常に表示されているので、アイコンなどの確認であればこれだけで済ませられます。

section 08 エディター上で画像をプレビューする

```
season.html ×
Cursor > text > html > <> season.html > </> html
    1   <!DOCTYPE html>
    2   <html lang="en">
    3       <head>
    4           <meta charset="UTF-8" />
    5           <meta name="viewport" content="width=device-width, initial-
    6           <title>Document</title>
    7       </head>
    8       <body>
    9           <img src="img/spring.png" alt="spring" />
   10           <img src="img/summer.png" alt="summer" />
   11           <img src="img/autumn.png" alt="autumn" />
   12           <img src="img/winter.png" alt="winter" />
   13       </body>
   14   </html>
```

行番号の左側に、画像ファイルがサムネイル表示される

画像ファイルのパスからプレビュー表示

サムネイルよりも大きなサイズで確認したい場合は、**画像ファイルのパス部分にマウスポインターを合わせてプレビュー表示します**。画像ファイルの大きさとサイズも併せて表示されます。

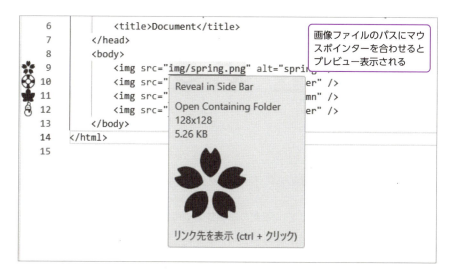

画像ファイルのパスにマウスポインターを合わせるとプレビュー表示される

また、プレビューの上にある [Reveal in Side Bar] をクリックするとエクスプローラービューで該当する画像ファイルのパスが開きます。[Open Containing Folder] をクリックするとWindowsのエクスプローラー（macOSではFinder）で画像ファイルが格納されたフォルダーを開くことができます。

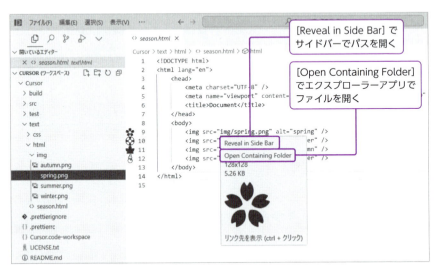

画像プレビューの最大サイズを変更する

　ひと目では違いがわかりづらい複数の画像ファイルがある場合など、より大きなプレビュー表示で画像を確認したいときは、設定からプレビューの最大サイズを変えるとよいでしょう。これらの設定項目は設定画面から編集できます。

Image preview のプレビュー表示に関する設定項目

名前	説明
gutterpreview.imagePreviewMaxHeight	画像のプレビュー表示の高さ。デフォルトでは100
gutterpreview.imagePreviewMaxWidth	画像のプレビュー表示の幅。0より小さい場合は、高さと同じ値が設定される。デフォルトでは-1

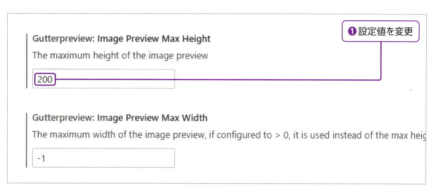

❶設定値を変更

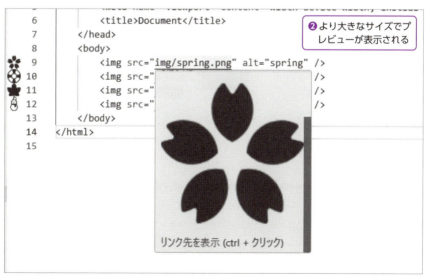

❷より大きなサイズでプレビューが表示される

section
09

#拡張機能 ／ #Web開発

コード入力に役立つ機能

HTMLコーディング
をサポート

Marketplaceにはほかにも Web開発のコード編集に役立つ拡張機能がたくさんあります。ここでは主にHTML編集を楽にする機能を取り上げます。

Auto Rename Tagで終了タグも自動で修正

HTMLやXML形式のファイルを編集しているとき、見出しを本文に変えるなどの目的でタグ名を変更する場面がよくあります。その場合、対応する開始タグと終了タグをコードの中から探し出し、両方を編集しなければならないため、これを忘れてエラーが発生することは少なくありません。

拡張機能**Auto Rename Tag**は、名前のとおり**タグ名の変更を自動化します**。

MarketplaceでAuto Rename Tagを検索

インストールしたあと、HTMLまたはXMLファイルで開始タグを修正すると、終了タグもそれに連動して編集されます。

❶開始タグにカーソルを合わせる

Point 拡張機能 Auto Close Tag は不要

Auto Rename Tag に似ていて開発者も同じ拡張機能に、開始タグを入力すると終了タグも合わせて入力してくれる Auto Close Tag がありますが、Cursor には終了タグを自動で入力する機能が標準で搭載されているので、こちらはインストールしなくて問題ありません。

HTML CSS SupportでCSSクラスを入力補完

　HTMLを編集する際、要素のid属性、class属性の値を打ち間違えてしまうと、思ったようにスタイルが適用されません。

　拡張機能 **HTML CSS Support** は、HTMLファイルが読み込んでいるCSSファイルの内容から、**HTMLファイル上でclass属性、id属性の値を入力補完してくれる機能です**。

MarketplaceでHTML CSS Supportを検索

　Marketplaceからインストールすると、HTMLファイルを編集中にCSSに定義されたクラスやIDが入力候補として表示されます。

Point　　WordPress環境なら
　　　「WordPress Snippet」もおすすめ

Webサイトのコンテンツ管理にWordPressを利用している場合は、拡張機能WordPress Snippetをインストールしておくとよいでしょう。WordPressに実装されている関数の入力を補完してくれるので、快適にコーディングできます。

CHAPTER 5

AIチャットボットを作ろう

〜Cursorのより便利な使い方を学ぶ〜

#Composer機能 ／ #アプリ開発

AIにたたき台を作ってもらおう

section 01
AIでアプリ作成

Composerにプロンプトを入力して、AIチャットボットのたたき台を生成してもらいましょう。

AIチャットボットのたたき台を作成する

　第4章ではWeb制作のためにComposer機能を利用して、Webページを作成しました。同様の方法で、AIによるWebアプリ開発を体験してみましょう。

　ここではPythonのFlaskというライブラリと、Cohere社が提供する文章生成AI「Cohere」のAPIキーを利用して、AIチャットボットアプリを開発します。Flaskは、Pythonを利用してWebアプリを開発するためのフレームワークで、今回作成するような小規模なWebアプリを作成するのに向いています。Cohereについては実際の利用時に詳しく説明します。

たたき台の作成

　第4章でも解説したように、1回のプロンプトで理想とするアプリのソースコードを生成してもらうことは困難です。今回も同様に、まずはたたき台として最低限の仕様を実装したソースコードを生成してもらい、少しずつ完成度を高めていくというステップで進めていきましょう。

　まず、作業用のフォルダーとして「chatbot」というフォルダーを作成し、Cursorで開きます。そして、[Toggle AI Pane]をクリックしてCOMPOSERパネルを表示させ、次のようにプロンプトを入力して、Enterキーを押して実行します。

❶[Toggle AI Pane]をクリック
❷COMPOSERパネルを表示

168

プロンプトで指定した条件をもとに、AIがアプリケーションのソースコードと、その使い方を生成してくれます。生成されたものは、[Accept all] をクリックして確定しましょう。

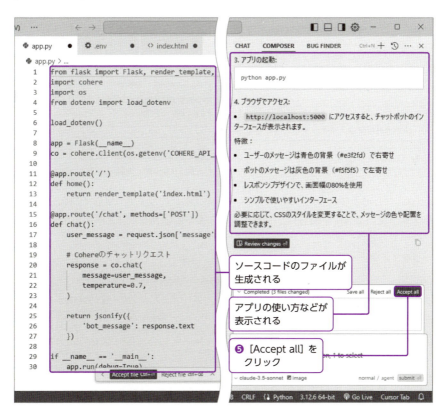

アプリを動かしてみよう

次に生成したAIチャットボットアプリを動かしてみましょう。アプリを動かすためには、アプリの実行に必要なライブラリをインストールするコマンドを実行して、アプリの実行環境を整える必要があります。

必要なライブラリのインストール

「1.必要なパッケージのインストール：」などが書かれた下にある「pip install flask cohere python-dotenv」というインストールコマンドに、マウスポインターを合わせると [Run] が表示されます。これをクリックするとターミナルがウィンドウ下部に表示され、自動でライブラリのインストールコマンドが実行されます。

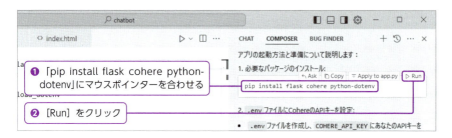

❶「pip install flask cohere python-dotenv」にマウスポインターを合わせる
❷ [Run] をクリック

もし、「1.必要なパッケージのインストール：」などのライブラリをインストールする文章が見当たらない場合は、128ページのようにCOMPOSERパネルから再度AIに聞いてみるか、メニューバーから [表示] - [ターミナル] をクリックして、ライブラリをインストールするコマンドを入力して、Enter キーを押してください。

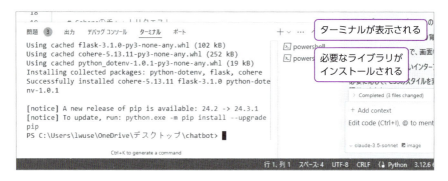

ターミナルが表示される
必要なライブラリがインストールされる

これで必要なライブラリがインストールされて、アプリの実行環境が整いました。

アプリを起動するための手順を確認しましょう。もし次のように起動するための手順が生成結果に表示されていない場合は、128ページを参考に、アプリの起動方法を、COMPOSERパネルで再度AIに聞いてください。

CohereからトライアルAPIキーを取得する

　チャットボットアプリなどのアプリでAIを利用するためには、AIのAPIキーが必要です。OpenAIや、HuggingFaceなどの企業が、自社の生成AIをアプリに利用するためのAPIキーを提供しています。なかでも、Cohereが提供しているトライアルAPIキーは、一定の使用制限があるものの無料で使用できるため、本書ではこれを使用します。

　Composerによるコードの解説にも、アプリを起動するための手順として、「2..envファイルにCohereのAPIキーを設定:」とあります。そこで、まずCohereのアカウントを作成し、トライアルAPIキーを取得しましょう。

Cohereのホームページ
https://cohere.com/

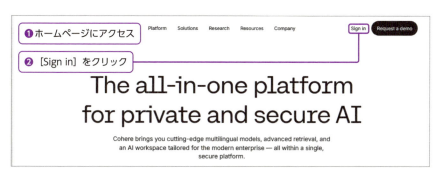

[Sign up]をクリックすると、メールアドレスを確認するためのメールが届きます。届いたメールに従って、アカウントのセットアップを完了してください。

アカウントのセットアップが完了したら、ログインをして[API Keys] - [👁] - [📋]をクリックして、トライアルAPIキーをコピーします。

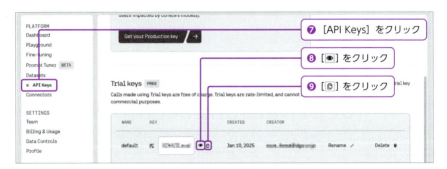

Cursorで生成したファイル「.env」内の「your_api_key_here」を選択して、コピーしたトライアルAPIキーを Ctrl + V キーなどで貼り付けてファイルを保存しましょう。

アプリの実行

「アプリの起動：」の下にある「python app.py」にマウスポインターを合わせて、表示された [Run] をクリックするとアプリが起動します。

ターミナルに次のような画面が表示されれば、アプリが起動している状態です。Ctrl キーを押しながらターミナルに表示されている [http://127.0.0.1:5000] をクリックし、ブラウザでこのURLにアクセスすると、AIチャットボットの画面が表示されます。

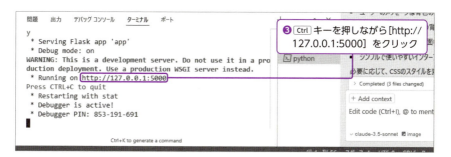

チャットボットのテキスト入力欄に「AIエディタのCursorについて教えて下さい」と入力して、AIチャットボットに送信します。

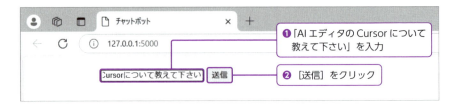

[送信] をクリックして少し待つと、AI からの返信が表示されます。

> Point　**AI による生成結果が本書と異なる場合**
>
> AI による生成結果は、実行するたびに変わることがしばしばあり、本書で紹介している内容はその中の一例となります。実際に読者のみなさんが実行した場合に生じる違いとしてはいくつかのパターンが考えられます。
>
> .env ファイルが生成されない場合は、生成された Python のプログラムに直接 API キーを書き込む必要があります。また「python-dotenv」というライブラリも使用しないため、インストールコマンドは「pip install flask cohere」となります。また環境によっては「python app.py」ではなく「python3 app.py」で実行する必要がある場合があります。
>
> その他、手順どおりに実行しても同じ結果が得られない場合は、LLM のモデルを変更（79 ページ参照）したり、何度かやり直してみるのも手です。また 181 ページのデバッグの手順で、Composer に解決方法を聞いていみるのもよいでしょう。

section 02　AIに完成度を高めてもらおう

AIでアプリを改良

#Command K ／ #Cursor Tab

AIに完成度を
高めてもらおう

ComposerやCommand K、Cursor Tabといった豊富な改良機能を使って、生成したアプリの完成度を高めましょう。

Composerでアプリの完成度を高めよう

　先ほど生成したAIチャットボットは、簡単なプロンプトから生成されたアプリなので、デザインや機能が不十分です。追加のプロンプトをAIに送信して、デザインや機能を追加してみましょう。

　ここでは、「AIの返答にロボットアイコンを付ける」「アプリの形をスマホに合わせる」「色分けをより洗練した感じにしてもらう」というデザインを変更するプロンプトを入力して、アプリを改良してもらいます。

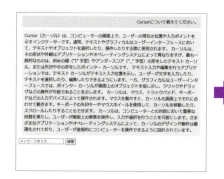

　プロンプトを追加するには、右下にあるプロンプトの入力欄に入力して、Enterキーを押します。

❶プロンプトを入力　❷Enterキーを押す

生成したアプリを以下のように改良したい
・AIの返答がよりわかりやすくなるようにロボットのアイコンをつけて欲しい
・アプリの形をスマホに合うように作って欲しい
・メッセージの入力欄を黄緑色にして欲しい

　プロンプトに沿って、機能やデザインを変更したソースコードに書き換えてくれます。生成後に表示される [Accept all] をクリックして、変更結果を反映しましょう。

168ページで生成したアプリの使い方などは、COMPOSERパネルに残っています。上にスクロールして、173ページと同様にアプリを起動しましょう。

アプリを起動すると、AIチャットボットの画面がスマホのような縦長の画面に対応し、色の変更もされています。

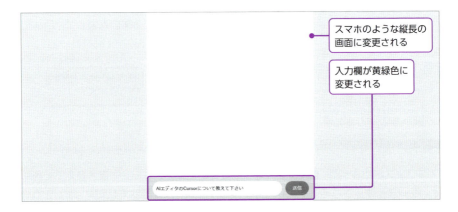

また、改良前のアプリと同じように「AIエディタのCursorについて教えて下さい」とAIに質問すると、返信と一緒にロボットアイコンが表示されています。

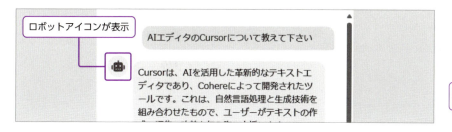

Command KとCursor Tabを使って完成度を高めよう

COMPOSERパネルにプロンプトを追加する方法は、ソースコード全体に対して修正をしてくれますが、タイトルの色を変えたいなどの限定的な変更の場合には、Command KとCursor Tab機能を使いましょう。

Command Kを使ってみよう

Command Kは、AIにプロンプトを送信してソースコードの改良案を生成してくれます。改良案となるソースコードが明確に決められていないときは、Command Kを使用しましょう。ここでは、アプリの画面上部にタイトルを追加しましょう。

ここでは、「index.html」の後半部分にある [script] をクリックして、Ctrl+Kキーを押すと、プロンプトの入力欄が表示されます。プロンプトを入力して、Enterキーを押すとソースコードを書き換えてくれます。

[Accept] をクリックして、保存したうえでアプリを起動すると、次のように修正されたことが確認できます。

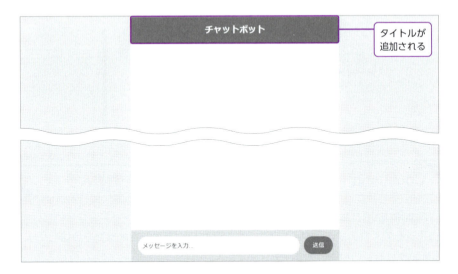

Cursor Tabを使ってみよう

　Cursor Tabは、入力中のソースコードの先を予測してくれます。予測された部分は灰色で提示され、Tabキーを押すと反映されます。
　ここでは、ロボットアイコンと同じようにユーザーアイコンも追加しましょう。「index.html」の30〜40行あたりにある「.user-message」の前で改行して、「.user-icon」を入力します。すると、ユーザーアイコンを作成してくれます。Tabキーを押して反映しましょう。

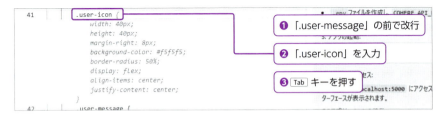

　次に、ユーザーアイコンが表示されるようにscriptも修正しましょう。「index.html」の157行目の「if (sender === 'user') {」の後ろで改行すると、ユーザーアイコンが表示されるように修正案を提示してくれます。こちらもTabキーを押して反映しましょう。

必要なソースコードが書かれていない場合は、次の提案が表示されます。そこで提案がなくなるまで Tab キーを押します。

なお、「if(sender == 'user'){」のようなコードがなく、どこを修正していいかわからない場合は、ソースコード全体を選択し、Command K機能で「ユーザーアイコンを追加して」と依頼するとよいでしょう。

ソースコードを修正したら保存してアプリを起動すると、次のようにユーザーアイコンが表示されていることが確認できます。

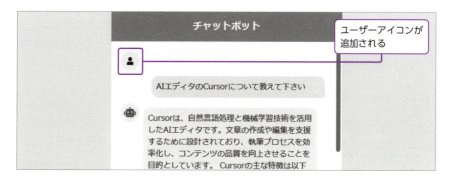

全体的にコードを改良するときはComposerを使用して、細かい改良をするときは Command KとCursor Tabを使って、より使いやすいアプリを生成しましょう。

section 03　デバッグしよう

#Debug with AI ／ #Composer機能

多様なデバッグ機能で
サポート

AIによるエラー修正や、あらゆる言語に対応したデバッグ機能は、Cursorの大きな特徴です。

Debug with AIやComposerにエラーを修正してもらおう

　生成AIはある程度のソースコードを生成してくれますが、間違ったソースコードを生成することもあります。もちろん、自分が書いたソースコードが間違っていることもよくあります。そんなときにはCursorのDebug with AIやComposerにエラーを修正してもらいましょう。次のソースコードは、文字列と数値の足し算を行っているため、実行するとエラーが発生します。これを例にして見ていきましょう。

● error.py
```
print(' 今年で '+ 18 +' 歳になります。 ')
```

Debug with AIでエラーメッセージからエラーを修正する

　まず、Debug with AIにエラーを修正してもらいましょう。「Debug with AI」はmacOS版のバージョン0.43で使用できていましたが、執筆時点のバージョン0.44では使用できません。本機能が使えない場合は別のバージョンを試してみてください。

　Debug with AIは、ソースコードを実行したあとのエラーメッセージから、自動でプロンプトが生成されます。この生成されたプロンプトから、エラーの原因の説明や正しいコードなどを生成してくれます。Debug with AIを使用するためには、エラーメッセージが表示されたあとに［ターミナル］タブをクリックして、表示される［Debug with AI］をクリックしてください。

❶ エラーメッセージが表示される　❷［ターミナル］タブをクリック　❸［Debug with AI］をクリック

Composerにエラーの理由を聞いてみる

次はComposerに聞いてみましょう。ソースコードを入力（180ページ参照）したあと、Composer画面を開いて、エラーが出る理由について聞いてみましょう。

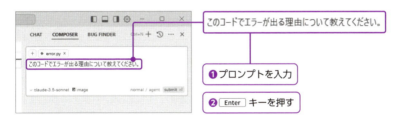

こちらもDebug with AIと同様に、Composerがエラーの説明や、正しいコードなどの生成をしてくれます。

ComposerとDebug with AIはどちらもエラーの説明や、正しいコードの生成をしてくれますが、次の2つの違いがあります。

・ソースコードを実行する必要があるか
・プロンプトの作成を自動で行うか

　Debug with AIはソースコードを実行する必要がありますが、実行したあとのエラーメッセージから、プロンプトを自動で生成してくれます。一方で、Composerはソースコードを実行する必要がありませんが、プロンプトは自動生成されませんので、自分で考える必要があります。
　そのため、Debug with AIはソースコードを実行してエラーが出てしまったときに使用し、Composerは実行する前にソースコードが正しいかの確認や、よりよいものに改良したいときに使用しましょう。

Pythonファイルをデバッグ実行する

　そもそもの話でありますが、CursorのフォーК元であるVS Codeはデバッグ機能が充実していることから、開発に採用されてきました。**さまざまな言語のプログラムを共通したUIでデバッグできる**のが大きな利点であり、VS Codeをフォークして作られたCursorでも同様です。
　ここでは、AIを利用しないデバッグ方法について解説していきます。まず、簡単なPythonファイル作成して、デバッグ実行してみましょう。Pythonファイルをデバッグする場合は、**拡張機能Pythonが有効化されている必要がある**点に注意してください。

次のPythonファイルを作成しましょう。

● debugTest.py
```
message = "デバッグ実行中"
print(message)
```

debugTest.pyを作成したら、2行目の行番号の左側をクリックして**ブレークポイント**を追加します。こうしておくことで、デバッグが開始されるときにブレークポイントで実行が一時中断され、その時点でのプログラムの状態を確認できます。

デバッグを開始するには F5 キーを押すか、アクティビティバーで［実行とデバッグ］をクリックして、デバッグビューを開きます。

［実行とデバッグ］でデバッグビューを開いたあとは、青色の［実行とデバッグ］をクリックします。初めてデバッグするフォルダーなどでは、デバッガーを選択する必要があります。ここではPython Debuggerを使用します。

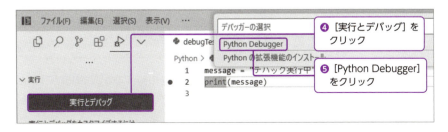

デバッガーを選択したあとは、実行する環境の選択肢が表示されるので「Pythonファイル」を選択します。これでデバッグ実行がされ、ブレークポイントで実行が一時停止します。

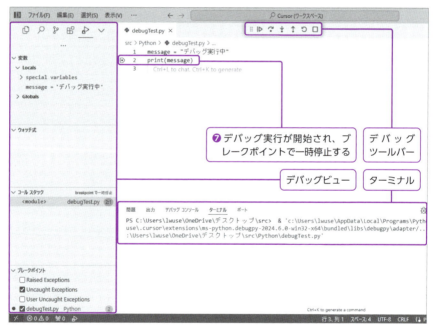

デバッグ中に行えるアクション

　デバッグ中、**変数にマウスポインターを合わせるとその時点での変数の値が表示さ
れます**。debugTest.pyでは変数messageにマウスポインターを合わせると、1行目
で代入された'デバッグ実行中'が表示されます。

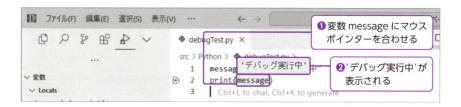

また、デバッグ中は画面上部に**デバッグツールバー**が表示されます。デバッグの続行／停止や、1行ずつプログラムを実行する**ステップ実行**をこのツールバーから行います。

デバッグツールバーのボタン（左から）

名前	説明
❶ 続行	次のブレークポイントまでプログラムを実行する
❷ ステップ オーバー	1行単位で実行する（関数の内部に入らない）
❸ ステップ イン	1行単位で実行する（関数の内部に入る）
❹ ステップ アウト	現在実行している関数の呼び出し元までプログラムを実行する
❺ 再起動	もう一度はじめからデバッグを実行する
❻ 停止	デバッグの実行を停止する

デバッグツールバーがエディターのタブなどを隠してしまっている場合は、左端の部分をドラッグして動かすこともできます。

Pythonをデバッグ実行すると、画面下部のパネルに**ターミナル**が表示されます。**ターミナル**とは、**CursorからWindowsのコマンドプロンプトやmacOSのターミナルをはじめとするコマンドラインツールを利用する機能**です。Pythonのプログラムは IDLE などのコマンドラインツールから実行されるため、CursorでPythonのプログラムをデバッグ実行した場合は、その結果がターミナルに表示されます。表示されていない場合は、メニューバーの［表示］-［ターミナル］をクリックしてください。

現在、debugTest.pyは2行目のprint関数を実行する直前で一時停止している状態なので、ステップインもしくはステップオーバーのボタンをクリックすると、print関数が実行されてターミナルに結果が表示されます。

　デバッグ実行を終えてファイルの編集に戻るには、プログラムを最後まで実行するか、デバッグ実行を停止します。［続行］か［停止］のいずれかのボタンを押すとデバッグ実行が終了します。

ステップ実行の種類

185ページで説明したデバッグツールバーにある**ステップイン／ステップオーバー／ステップアウト**の違いについて見ていきましょう。

次の画像のように関数を呼び出す行（4行目）が実行中である場合、ステップインすると関数の内部に入って2行目に移動、ステップオーバーすると関数の内部の処理を実行したあと5行目に移動します。

ステップオーバーしても関数内の処理を実行していないわけではなく、**あくまでステップ実行のカーソルが次にどの行に移動するかが違うだけ**ということに注意してください。

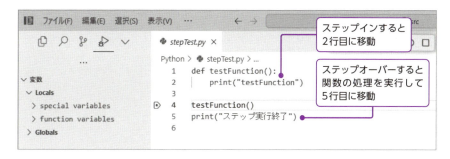

ステップアウトはほかの2つほど使う機会はないかもしれませんが、現在実行している関数の呼び出し元までステップ実行のカーソルを移動させます。今回の例では、2行目を実行中にステップアウトすると関数testFunctionを飛び出して4行目にカーソルが移動します。

#デバッグビュー ／ #ブレークポイント

section 04 デバッグ中にプログラムの詳細を確認する

高度なデバッグ機能で開発を楽に

デバッグ中の画面には、動作検証やエラーの解消に役立つ情報がたくさん表示されています。

デバッグビューに表示される情報

デバッグ実行中、画面にはデバッグツールバーだけではなく、さまざまな情報が表示されています。

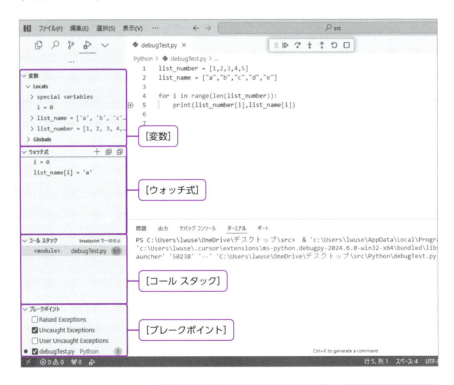

デバッグビュー最上部の［変数］欄には、実行中のスコープで有効な変数の値がまとめられています。ブロック内の変数、グローバル変数、ローカル変数などの種類別に表示されるので、目的の変数を探しやすくなっています。

188

　[ウォッチ式] 欄はもともと空欄になっていますが、**変数名や式を追加して、その値を常に監視できます**。実行中に値が更新される変数などを監視するのに便利です。

　[ウォッチ式] 欄に新しい式を追加するには、[+] アイコンをクリックして式を入力します。変数名だけでなく、変数の値を組み合わせた式を書くこともできます。

　なお、**一度追加したウォッチ式はデバッグが終了しても [ウォッチ式] 欄に残りつづけます**。不要になった式は右クリック - [式の削除] で1つずつ削除するか、アイコンをクリックしてまとめて削除しましょう。
　[コール スタック] 欄には関数の呼び出し履歴が表示されます。いま実行している関数がどこから呼び出されたかという経路を把握できます。

[ブレークポイント] 欄では、追加したブレークポイントの一覧を確認できます。実行中のファイルだけでなく、フォルダーやワークスペース内のほかのファイルに追加したブレークポイントも表示されます。

［×］をクリックしてブレークポイントを削除できるほか、各ブレークポイントの左にあるチェックボックスで、有効／無効を切り替えることができます。ブレークポイントを削除したくはないが、今は必要ないという場合は無効にしましょう。

ウォッチ式と同じように 🔄 をクリックすると、ブレークポイントをまとめて削除できますが、すべてのファイルのブレークポイントが削除されてしまうので注意してください。

ブレークポイントを編集

ブレークポイントは基本的に「プログラムがこの直前まで実行されたら一時停止したい」という行に追加します。しかし、繰り返しの処理が行われている箇所や、頻繁に呼び出される関数にブレークポイントを追加した場合、同じブレークポイントで何度も実行が停止してしまうので、デバッグ作業がわずらわしくなりがちです。

Cursorでは、一度追加したブレークポイントを編集して**「ある条件があてはまったときに一時停止する」「一定の回数だけ実行されたら停止する」**といった特殊な設定を追加できます。このような設定を追加することで、何度も停止→続行を繰り返さなくても適切なタイミングでデバッグ実行を一時停止できます。

ブレークポイントを編集するには、エディター上でブレークポイントを右クリック - [ブレークポイントの編集] をクリックします。**編集できる項目には [式]、[ヒットカウント]、[ログ メッセージ] の3種類があります**が、それぞれの項目でブレークポイントに次のような設定を追加できます。

ブレークポイントの編集項目

名前	説明
式	条件式を書き、その式がtrueになった場合に実行を一時停止する
ヒット カウント	その行が指定された回数だけ実行されたときに実行を一時停止する。「> 5」「== 10」のように比較演算子と数値で条件を書く
ログ メッセージ	実行は停止されないが、JavaScriptのconsole.logメソッドのように指定したメッセージをデバッグ用のログとして出力する

　なお、1つのブレークポイントに複数種類の設定を加えることもできます。
　今回は、ブレークポイントの行が10回目に実行されたときに一時停止するようにブレークポイントを編集しましょう。エディター上でブレークポイントを右クリック - [ブレークポイントの編集] をクリックして、項目のリストから [ヒットカウント] を選択します。

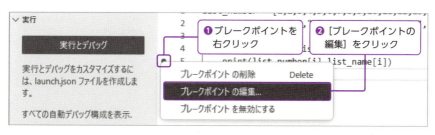

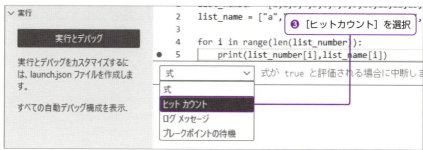

ヒットカウントの条件は単純に「10」と数値を書くのではなく、比較演算子と数値を使って「== 10」と書きます。条件を書き終わったら、Enter キーを押して編集を完了します。

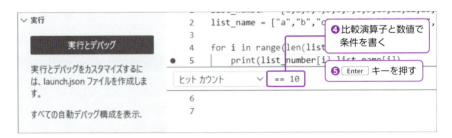

　条件を書いたあとにデバッグを実行すると、条件に合わせて実行が停止します。今回は「== 10」としたので、実行結果が9回表示され、式に10回到達した時点で止まります。

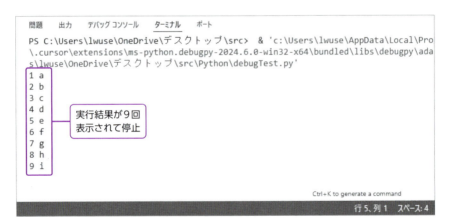

section
05

#スニペット／#コード補完

コード補完機能を
カスタマイズする

Intellisenseを
より便利に

Intellisenseによるコード補完、クイック情報などの機能を、設定画面から自分好みにカスタマイズしましょう。

スニペット補完に関する設定

スニペットとはもともと「断片」を意味する言葉で、プログラミングにおいては**再利用可能なソースコードの小さなまとまり**を指します。たとえば、プログラム言語ごとに決められているif文、for文などの構文はスニペットとして登録されています。

Intellisenseが有効な言語で「if」と入力すると、コード補完の候補に「if」が表示されます。▢のアイコンはその候補がスニペットであることを表しています。

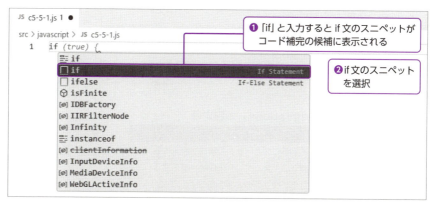

❶「if」と入力すると if文のスニペットが コード補完の候補に表示される

❷if文のスニペットを選択

❸if文のスニペットが入力される

変数やメソッドとは違って、**スニペットのコード補完は多くの場合、複数行のコードが自動で入力される**ため、コード入力の手間を大きく減らすことができます。積極的に活用したい場合は、コード補完の提案の中でスニペットを優先的に表示させるとよいでしょう。

スニペットの提案を優先的に表示するかどうかは、設定画面から「Editor: Snippet Suggestions」という項目で設定できます。設定値を「none」にすると、コード補完の候補にスニペットが表示されません。それ以外の3つの値はスニペットの候補をリストの中でどの位置に表示するかを設定します。

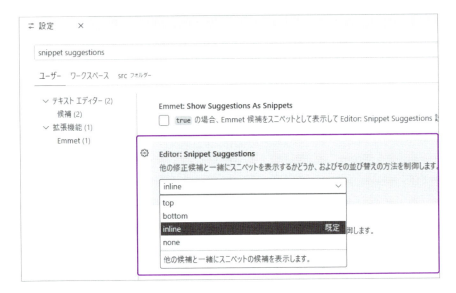

「Editor: Snippet Suggestions」の設定値

設定値	説明
top	常に候補リストの最上部にスニペットの候補を表示する
bottom	常に候補リストの最下部にスニペットの候補を表示する
inline	ほかの候補と一緒にスニペットの候補を表示する（既定）
none	スニペットの候補を表示しない

候補の選択に関する設定

　コード補完の候補リストが表示されるとき、既定では常に最初の候補が選択されています。候補の選択についての動作を変更したい場合は、設定画面から「Editor: Suggest Selection」の項目を確認しましょう。

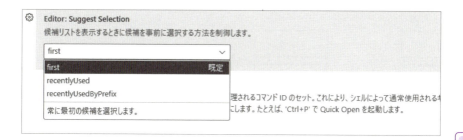

「Editor: Suggest Selection」の設定値

設定値	説明
first	常に最初の候補を選択（既定）
recentlyUsed	以前選択した候補を選択
recentlyUsedByPrefix	候補を選択したときの入力を記憶して、以前の入力に基づいて候補を選択

　2つ目の「recentlyUsed」に変更すると、以前選択した候補を選択するのでコードの中によく登場する候補ほど素早く入力できます。次の画像では、前の行で入力した「console.log」が候補リストの中で最初に選択されています。

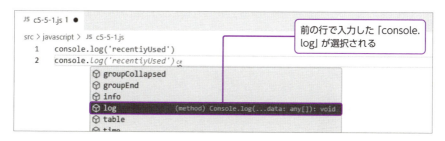

　3つ目の「recentlyUsedByPrefix」に変更すると、たとえば「con」と入力してコード補完の候補から「const」を選択したことが記憶され、次に「con」と入力したときには優先的に「const」が選択されます。「recentlyUsed」では「const」を選択したことだけが記憶されますが、**「recentlyUsedByPrefix」では「con」という入力で「const」が選択されたことまで記憶されるのが特徴です**。これによって、「con」と入力したら「const」、「re」と入力したら「return」など、**入力する値とコード補完の候補を簡単に紐付けられるようになります**。決まった入力で決まったコード補完をしてほしいという場合はこの設定がおすすめです。

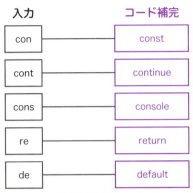

入力とコード補完を紐付けるイメージ

> **Point** **Intellisense に関わる設定項目**
>
> コーディング補助に関する設定項目には、ほかにも以下のようなものがあります。
>
> **Intellisense のカスタマイズに関わる設定項目(一部)**
>
> | 設定項目 | 説明 |
> | --- | --- |
> | Editor: Quick Suggestions Delay | コード補完の候補が表示されるまでの時間(ミリ秒単位)。既定では10 |
> | Editor: Accept Suggestion On Enter | Tab キーに加えて Enter キー(macOSの場合は return キー)でも補完の候補を受け入れるかを設定。既定ではon |
> | Editor: Word Based Suggestions | ドキュメント内で入力されている値に基づいて補完の候補を表示するかを設定。既定ではmatchingDocuments |

#スニペット ／ #言語に特化

スニペットをもっと活用する

定番のフレーズを一瞬で入力

言語に特化したスニペットやオリジナルのスニペットを使う方法を覚えれば、コーディング作業は格段に楽になります。

拡張機能で言語に特化したスニペットを増やす

182ページで拡張機能「Python」をインストールすると、Pythonの組み込み関数などをコード補完で入力できることを確認しましたが、**多くの言語拡張機能には、それぞれのプログラミング言語に特化したスニペットが含まれています**。Marketplaceで「@category:"snippets"」と検索すると、スニペットを含む拡張機能が表示されます。

「@category:"snippets"」で拡張機能を検索

繰り返しのfor文、条件分岐のif文などは多くの言語にありますが、それぞれの言語に対応したスニペットをインストールしていると、同じ名前のスニペットでも別の内容が入力されます。

```
JS snippetTest.js ●
src > javascript > JS snippetTest.js > [@] index
  1    for (let index = 0; index < array.length; index++) {
  2        const element = array[index];
  3        console.log(element);
  4    }
```

JavaScriptの「for」スニペット

```
C# snippetTest.cs ●
src > C# > C# snippetTest.cs
  1    for (int i = 0; i < length; i++)
  2    {
  3        Console.WriteLine(i);
  4    }
```

C#の「for」スニペット

独自のスニペットを作成する

　頻繁に入力する文字列を**オリジナルのスニペット**として自分で登録することもできます。オリジナルのスニペットを作成するには、メニューバーの［ファイル］-［ユーザー設定］(macOSの場合は［Cursor］-［基本設定］) -［スニペットの構成］の順にクリックします。

❶［ファイル］-［ユーザー設定］-［スニペットの構成］の順にクリック

198

次に、どの言語で使うスニペットを作るかを選択します。［新しいグローバル スニペット ファイル］をクリックすると、どんな種類のファイルでも使えるスニペットを作成できますが、今回は［javascript (JavaScript)］をクリックします。言語を選択すると、スニペットを定義するためのJSON形式のファイルがエディターで開きます。

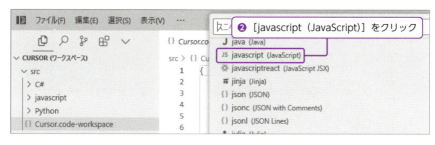

javascript.jsonには、例として"Print to console"という名前のスニペットを作成する記述がコメントとして書かれています。この例に従って、それぞれの項目にどんな値を設定すればいいか見ていきましょう。

"prefix"は**スニペットのトリガーとなる文字列**です。この例では「log」と入力することで、コード補完の候補に"Print to console"のスニペットが表示されます。

"body"には**スニペットとして登録する内容**を書きます。カンマで区切って複数の値を設定すると、複数行にわたるスニペットを登録できます。また、$1、$2と書いてあるのは**プレースホルダー**と呼ばれるもので、スニペットが入力されるとカーソルが移動する部分です。最初に$1の部分にカーソルが移動し、Tabキーを何度か押すと$2にカーソルが移動します。スニペットの中に書き換えたい部分がある場合は、プレースホルダーにしておくとよいでしょう。

"description"には**スニペットの簡単な説明**を書きます。コード補完の候補としてスニペットが表示されるとき、この説明が表示されます。

以下は、**JavaScriptでアロー関数式を使って関数を定義するスニペット**です。関数名、引数、関数の中身の3つをプレースホルダーにしています。

● javascript.json
```json
"Arrow Function": {
    "prefix": "arrow",
    "body": [
        "const ${1:functionName} = (${2:arguments}) => {",
        "$3",
        "};"
    ],
    "description": "arrow function"
}
```

javascript.jsonを保存したあと、JavaScriptのファイルで「arrow」と入力すると、コード補完の候補に先ほど作成したスニペットが表示されます。

❶ JavaScriptで「arrow」と入力してスニペットでコード補完

❷ スニペットとして登録した文字列が入力される

ファイルをまたいで定義・参照を自在に行き来する

#クイックオープン ／ #定義を確認

コード間を瞬時に移動

ほかのファイルに移動する機能や、ピーク表示を使いこなすことで、大規模なプログラムでも簡単に必要な情報にたどり着けます。

クイックオープンで目的のファイルを素早く開く

プログラム開発の規模がある程度以上になると、あるファイルで定義された関数やメソッドを別のファイルで使うなど、複数のファイルを行き来しながら編集することが欠かせません。そのような場合、エクスプローラービューから必要なファイルを探すこともできますが、Cursorには**クイックオープン**という便利な機能があります。

クイックオープンでファイルを開くには、Ctrl+Pキーを押して「ファイルに移動…」コマンドを実行します。画面上部に入力欄と最近開いたファイルの候補が表示されるので、ファイル名で検索するか↑↓キーでファイルを選択して、Enterキーを押すと、そのファイルがエディターで開きます。

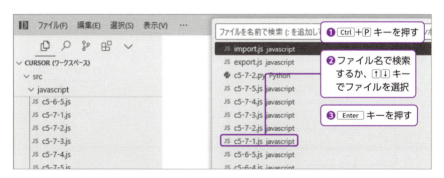

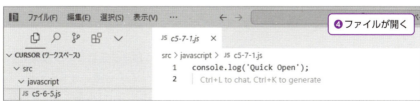

定義を確認する

　Cursorにはコーディング中に変数や関数、メソッドの定義を確認するためのさまざまな機能が用意されています。ここでは3つの方法を紹介するので、場合によって使い分けましょう。

　1つ目は、エディター上で**定義部分に移動**する方法です。定義を見たい部分にマウスポインターを合わせて右クリック-[定義へ移動]をクリックするか、F12 キー（macOSの場合は command + F12 キー）を押すと定義されている箇所に瞬時に移動します。定義部分が現在開いているファイルにない場合は、新しいエディターでファイルを開きます。この方法は、定義を詳しく確認したい場合や、修正したい場合に向いています。

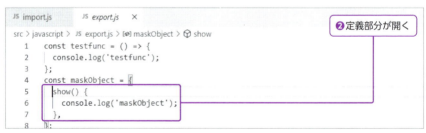

　2つ目はエディターを切り替えずに定義を確認できる**ピーク表示**という方法です。現在のエディターに埋め込まれるかたちで小さなウィンドウが開き、そこに定義が表示されます。ピーク表示を開くためには、右クリック-[ピーク]-[定義をここに表示]をクリック、または Alt + F12 キーを押します。ピークウィンドウの中でもファイルの編集が可能なので、定義の修正もスムーズにできます。

> **key** ▲ 定義をここに表示　　🪟 Alt + F12　　 option + F12

ピークウィンドウを閉じるときは、ウィンドウ右上の [閉じる] アイコンをクリックするか、Esc キーを押します。

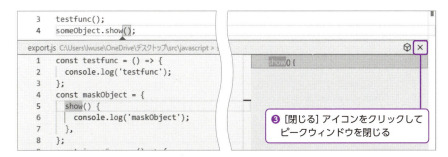

3つ目は、Ctrl キーを押しながらシンボルにマウスポインターを合わせて**プレビューを確認**する方法です。定義部分を開かずに確認だけしたいときに便利です。

参照を確認する

　大規模なプログラム開発では、関数やメソッドの定義を確認するだけでなく、それがどこから呼び出されているのかを把握することも大切です。定義を確認するのとは逆に、関数やメソッドがどこから参照されているかを確認する方法も知っておきましょう。

　関数やメソッドにマウスポインターを合わせて右クリック-［ピーク］-［呼び出し階層のプレビュー］をクリックすると、ピークウィンドウにそれが参照されている箇所がまとめて表示されます。ただし、C#などではフォルダー内のすべてのファイルの参照が表示されますが、JavaScriptなどでは現在開いているエディターでの参照しか表示されないというように**言語によって参照が表示される範囲が違う**ことに注意してください。なお、［呼び出し階層のプレビュー］はメソッドなどの定義部分からも、参照している部分からも実行できます。

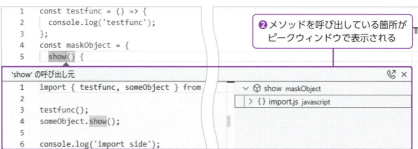

　定義部分を右クリック-［参照へ移動］をクリックするか、Shift + F12 キーを押すと、エディターを切り替えて参照部分へ移動します。［呼び出し階層のプレビュー］と同じく、C#など一部の言語以外ではエディターで開いているファイルでの参照箇所しか表示されません。このとき、参照箇所が1箇所であればすぐに移動しますが、**複数ある場合はすべての参照箇所がピークウィンドウに表示されます。**

section 07　ファイルをまたいで定義・参照を自在に行き来する

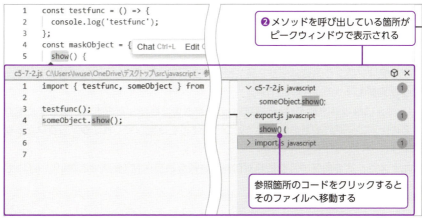

Point　作業ファイル間を移動

「定義へ移動」や「参照へ移動」を繰り返していると、いくつもエディターが開いてもともと編集していたファイルがどれだったか混乱してしまうかもしれません。そんなときは Alt + ← キー（macOS の場合は control + - キー）で前に編集していたファイルに素早く戻れます。

#クイックフィックス ／ #コードの改善

コードを改善するための
テクニック

リファクタリングで
よりよいコードに

Cursorを使えば、プログラムの動作を変えることなく内部構造を整理するリファクタリングも手軽に行えます。

クイックフィックスの提案を受け入れる

　プログラムが正常に動作していても、内部のコードは最適な状態になっているとは限りません。不要なコードや開発者しか理解できないようなコードがあると、プログラムの効率が悪くなったり、保守が難しくなったりしてしまいます。そのため、開発をする際はプログラムの外部から見た動作を変えずに内部のコードを改善する**リファクタリング**を行うのが一般的です。

　Cursorにはリファクタリングのためのさまざまな機能があります。はじめに紹介するのは、コードの改善点を自動で見つけて修正を提案してくれる**クイックフィックス**です。

　たとえば、次の画像のように絶対に実行されないコード（到達できないコード）が半透明で表示されます。

到達できないコードが
半透明になっている

　半透明で表示されているコードにマウスポインターを合わせると「クイックフィックス」という文字が表示され、これをクリックすると到達できないコードを削除することを提案されます。提案をクリックするか、Enterキーを押すと提案されたアクションが実行され、コードが削除されます。

section 08　コードを改善するためのテクニック

❶ 半透明になっている部分にマウスポインターを合わせる

❷ ［クイックフィックス］をクリック

❸ 提案をクリックするか Enter キーを押す

❹ 不要なコードが削除される

ここで表示された「到達できないコードを削除します」のような、Cursorが提案してくるクイックフィックスの内容を**リファクタリングアクション**といいます。クイックフィックスはショートカットからも呼び出せます。

クイックフィックスで処理を関数化

　コーディングの際、ほかの部分で再利用できるコードは関数やメソッドにしておくことが多いでしょう。クイックフィックスを使えば、まとまった処理を簡単に関数／メソッドに抽出できます。

```
c5-8-2.py
src > Python > c5-8-2.py
1  age = input('年齢を入力してください：')
2  age = int(age)
3
4  if age >= 20:
5      print('成人です')
6  else:
7      print('未成年です')
8
```

❶ 関数化したい処理をまとめて選択

```
1  age = input('年齢を入力してください：')
2  age = int(age)
3
4  if age >= 20:
5
6   抽出
7    🔑 メソッドを抽出する
8
```

❷ Ctrl + . キーを押す

❸ ［メソッドを抽出する］をクリック

```
4  def new_func(age):
5      judge
6      名前を変更するには ⏎、プレビューするには Ctrl+⏎
7
8          print('未成年です')
9
10 new_func(age)
11
```

❹ 関数の名前を入力

```
c5-8-2.py ●
src > Python > c5-8-2.py > judge
1  age = input('年齢を入力してください：')
2  age = int(age)
3
4  def judge(age):
5      if age >= 20:
6          print('成人です')
7      else:
8          print('未成年です')
9
10 judge(age)
11
```

❺ 処理が関数化される

シンボル名の変更

　一度作成した変数や関数の名前をあとから変更するとき、**それを参照しているすべての箇所で名前を変更しないとエラーが発生する**ため大きな手間がかかってしまいます。

　その手間を軽減する機能が**シンボルの名前変更**です。この方法で変数や関数の名前を変更すると、言語によって範囲は異なりますが**変数や関数の参照箇所でも名前が変更されます**。

　シンボルの名前変更は、変更したい箇所にマウスポインターを合わせて右クリック-［シンボルの名前変更］をクリックするか、F2 キーを押して実行します。

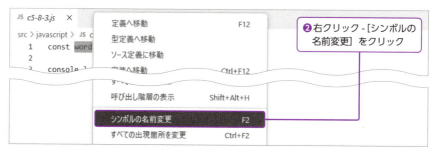

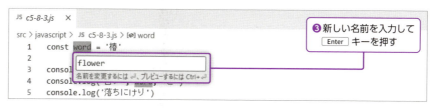

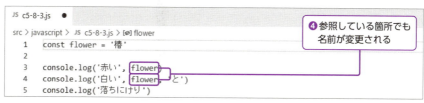

シンボルの名前変更

なお、新しい名前を入力するときに Shift + Enter キーを押すと、ファイルがどのように変更されるのかをプレビューすることができます。

> **Point** 言語ごとに利用できる機能が違う理由
>
> Cursor は最初からすべての言語に対応しているわけではなく、多くの言語のプログラミング支援機能を拡張機能というかたちであとからインストールする仕組みになっています。これは、常にすべての言語をサポートするには莫大なリソースが必要になり、ユーザーが必要な拡張機能をその都度インストールするほうが効率がよいからです。
> このように各言語のプログラミング支援機能の実装を分けるための仕組みが「言語サーバー」です。以下の図のように、Cursor という1つのクライアントが、HTML に関する機能は HTML Language Server、Python に関する機能は Python Language Server というように複数のサーバーを利用しているのです。
> JavaScript や C# など、言語によって Intellisense でコード補完される語句や、「参照へ移動」（204 ページ参照）で表示される参照の範囲などが違うのは、Cursor が言語ごとに異なる「言語サーバー」を利用しているからです。

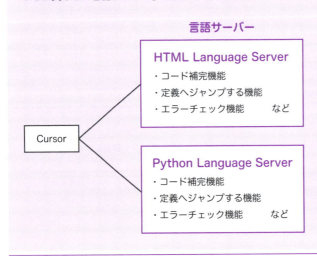

section 09

\#Chat機能 ／ \#Codebase Answers

AIにソースコードの解説をしてもらおう

AIでコードの理解

Codebase Answersを使って、フォルダー内のファイルを参考に解説や改良案などを生成しましょう。

Codebase Answersに解説してもらおう

　168ページで生成したアプリの解説をCodebase Answers機能で生成します。Codebase Answersは開いているフォルダー内のファイルをもとにソースコードの解説や、改良案などを生成してくれます。そのため、ChatやComposerから生成するよりも、正確な文章を生成できる確率が高くなります。

　ただ、Codebase AnswersはCHATパネルのみで使用でき、COMPOSERパネルでは使用できません。また、AIにプロンプトを送信する際に、Ctrl + Enter キーを押すことにも気を付けてください。もし、Enter キーを押してしまうと、ファイルを参考にしない状態で、生成されてしまいます。

　ここでは、168ページで生成したアプリを初心者向けに解説してもらいましょう。プロンプトを入力して、Ctrl + Enter キーを押してください。

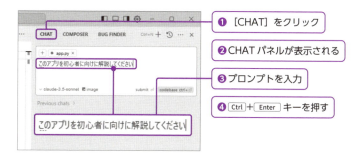

❶［CHAT］をクリック
❷CHATパネルが表示される
❸プロンプトを入力
❹ Ctrl + Enter キーを押す

　解説を生成するために必要な条件や参考にしたファイル、テキストを表示してから、初心者向けにアプリの解説を生成してくれます。

> Point　**除外したいファイルがあるときは**

参考にするファイルから除外したいファイルがあるときは、まず15ページのように「Cursor Settings」を開いてください。この[Features]タブの「Codebase indexing」にある[Show Settings]をクリックすると、詳細な設定が開かれます。

詳細設定内の「ignore files」という設定の[Configure ignored files]をクリックします。

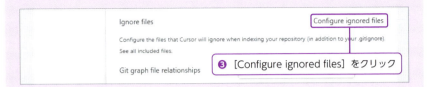

開かれた「.cursorignore」ファイルの2行目以降に、除外したい拡張子または、ファイル名を「* 拡張子（ファイル名）」と入力して保存してください。最後に、「Codebase indexing」にある[Resync Index]をクリックすると、ファイルを除外できます。

#Composer機能 ／ #GitHub

READMEを作ってもらおう

コードベースに基づいた
READMEを生成

GitHubなどでソースコードを公開する場合は、READMEを作成することがよくあります。ソースコードに基づいたREADMEを生成してもらいましょう。

ComposerでREADMEを生成しよう

　ソースコードをGitHubなどで公開するときには、どのような機能を持ったソースコードなのかや、使い方などをまとめたREADMEを作成するときがあります。このようなREADMEもComposerで生成しましょう。

　ここでは、読み込むファイルを指定してから生成してみましょう。入力欄の上部にある [+] をクリックすると、すでに追加されているファイル（ADDED）と、まだ追加されていないファイル（AVAILABLE）に分けて表示されます。AVAILABLEの下にあるファイルをクリックして、ADDEDに移動させましょう。

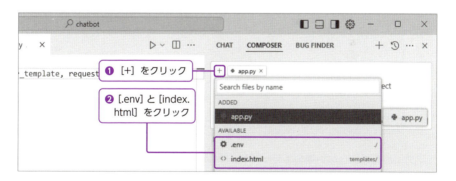

❶ [+] をクリック
❷ [.env] と [index.html] をクリック

ファイルを追加したら、プロンプトを入力して Enter キーを押してください。

❸ プロンプトを入力
❹ Enter キーを押す

これで、ソースコードに基づいたREADMEを生成してくれます。READMEが生成されたあとは、[Accept] をクリックして確定させましょう。

　ファイルを追加しない場合であっても、同じようなREADMEを生成してくれます。ただし、AI に渡す情報が少ないと、アプリの内容に沿った文章は生成されにくくなります。AIで生成するときには、必要な情報を過不足なく渡すことや、文章の見直しをして正しい文章かどうかの判断をすることに注意してください。

CHAPTER 6

CursorからGitを使ってみよう

section 01

#概要説明 ／ #Gitの基礎知識

バージョン管理システムGit

仕組みの理解が欠かせない

Cursorのソース管理ビューに触れる前に、Gitやバージョン管理などの基本用語を説明しましょう。

Gitの特徴とメリット

Cursorには、**Git（ギット）**によるバージョン管理を行う機能が標準で用意されています。アクティビティバーから切り替えられる**ソース管理ビュー**がそれです。Gitは主にプログラム開発で使われる技術ですが、最近ではWeb制作で使われるケースも増えているため、名前を聞いたことがある方も多いかもしれません。

多人数でプログラム開発を行う場合、**誰がどのファイルをどう変更したか**を把握していないと、大混乱が起きてしまいます。それを解決するために生まれたのが、Gitなどのバージョン管理システムです。ファイルの変更履歴を記録して問題を見つけやすくし、必要なら過去の状態に戻すこともできます。

Cursorのソース管理ビュー

バージョン管理の基礎知識

Gitの使い方は、基本にしぼればそれほど難しくはないのですが、仕組みがわかっていないとトラブルに陥りがちです。まずは、基本的な仕組みや考え方から説明していきます。

Gitを利用するために、とりあえず必要になるのが**リポジトリ（貯蔵庫）**です。パソコン内のリポジトリを**ローカルリポジトリ**と呼び、その中に保存したファイルがバー

ジョン管理されます。ローカルリポジトリという名前は聞き慣れませんが、実体は普通のフォルダーの中に「変更履歴を保存するための隠し領域」が足されたものです。

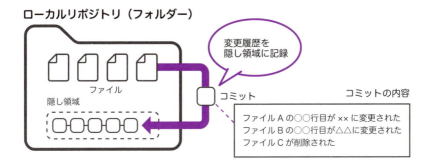

変更履歴を隠し領域に記録する操作を**コミット**といい、隠し領域に記録された変更履歴のこともコミットといいます。Gitを使いはじめて最初に悩むのが、コミットをする頻度（粒度）です。決まった指針はありませんが、コミットしていない変更は何かのはずみで失われる（ほかの人の変更に打ち消されたり、古い状態に戻ってしまったりする）ことがあるため、最低でも1日1回程度はコミットすることをおすすめします。

Gitには共同作業のための仕組みも用意されています。ネットワーク上に**リモートリポジトリ**を作成し、各作業メンバーのローカルリポジトリと同期を取るというものです。Dropboxなどのファイル共有サービスだとファイル保存時に自動的に同期されますが、Gitは**プッシュ／プル**という操作を行わないと同期されません。

もう1つGitで注意が必要なのは、同期されるのは隠し領域内の変更履歴（コミット）だという点です。コミットしていないファイルが失われることがあるというのはそのためです。

Gitの基礎知識の最後として、**ブランチ**についても説明しておきましょう。ブランチとは変更履歴の流れを分岐させることです。たとえば、アプリに新機能を付ける作

業のためのブランチを作っておけば、うまくいかなかったときにブランチごと捨てることができます。うまくいった場合は、ブランチを**統合（マージ）**します。

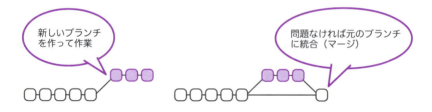

　Gitのブランチはかなり手軽に使われる機能で、同時に複数のブランチが作られることもあります。また、次に紹介するGitHubには、ブランチをマージする前に関係者にレビューしてもらう**プルリクエスト**という機能があり、そちらも併せて使われます。

GitとGitHub

　Gitと併せて**GitHub（ギットハブ）**を聞いたことがある人も多いのではないでしょうか。GitHubはリモートリポジトリを作成できるオンラインサービスです。自力でリモートリポジトリを作る場合はGitサーバーを建てる必要があるのですが、GitHubを利用すればリポジトリ名を決めるだけで済みます。

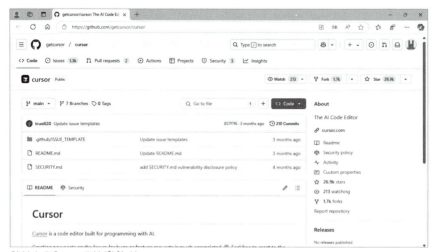

GitHubのCursorのリポジトリ

無料プランでも公開／非公開を問わず無制限にリポジトリを作成できるため、オープンソースプロジェクトの多くがGitHubに集まっています。Cursorおよびそのベースとなったエディターの VS Code も GitHub 上のオープンソースプロジェクトの 1 つです。

GitHubは単にファイルの貯蔵庫として使われるだけでなく、開発者間でソフトウェアの問題を相談できるイシューや、マージ前に関係者が変更の是非を話し合うプルリクエスト／コードレビューなど、豊富な機能が用意されています。

Cursorのソース管理ビューでできること

Cursorのソース管理ビューには、GitとGitHubを利用する次のような機能が用意されています。

Git関連の機能
・ローカルリポジトリの作成
・コミット
・リモートリポジトリへのプッシュ／プル
・変更箇所の確認
・ブランチの作成、切り替え
・コンフリクトの解決
・差分の表示
・タイムラインの確認

GitHub関連の機能
・リモートリポジトリからクローンを作成
・プルリクエスト
・イシューの利用
・仮想ファイルシステム

以上のように、大半の操作をCursor上から行えます。各機能の具体的な使い方は少しずつ説明していきますが、最初に主だった特徴を紹介しておきましょう。

Cursorのバージョン管理機能の中でも、誰もが恩恵を受けられるのが、変更部分を目立たせる機能でしょう。前回のコミットから**どのファイルのどこが変わったのか**を確認しながら作業を進められます。

また、差分表示機能も役に立つ機能です。ファイルの差分を確認するツールのことをdiff（ディフ）といいますが、それが内蔵されているのです。

リモートリポジトリからプルした際に、変更の不一致から**コンフリクト（競合）**が起きることがあります。その解消もCursor上で行えます。

GitHub Pull Requests拡張機能によって、GitHub向けの機能を追加できます。

section 01 バージョン管理システムGit

プルリクエストの
レビューモード

GitLens拡張機能は、標準のGit管理機能をさらに強化します。画面が変化するためsection 10まではインストールしない状態で解説しますが、Gitに慣れてきたらぜひ入れてみてください。

GitLensインストール後の画面

＃事前準備 ／ ＃Gitの基礎知識

section 02 Gitの利用準備をする

インストールと
アカウント作成

GitとGitHubを利用するには、Gitのソフトウェアをインストールし、GitHubアカウントを取得する必要があります。

Gitソフトウェアのインストール

環境にGitのソフトウェアがインストールされていない場合、Cursorのソース管理ビューにインストールをうながすメッセージが表示されます。

Gitのインストールを
うながされる

Gitの公式サイトからGitのソフトウェアをインストールしましょう。macOSは標準でGitがインストールされていますが、バージョンが古いことがあります。必要に応じて最新版をインストールしてください。

❶ [Click here to download]
をクリック

https://git-scm.com/

ダウンロードしたファイルをダブルクリックすると、インストールが開始されます。インストール中はさまざまなオプション設定が表示されますが、通常は初期設定どおりで問題ないでしょう。職場で使う場合は推奨設定を確認してください。

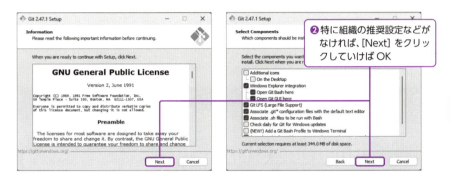

❷特に組織の推奨設定などがなければ、[Next] をクリックしていけば OK

Point　オプション設定について

Git のインストール時に表示されるオプションの中で、一般的に必要となりそうなのが **Line Ending**、つまり改行コードの設定です。改行コードは、Windows では CR と LF の 2 文字、macOS や Linux では LF の 1 文字が使われるため、変換が必要な場合があります。なお、Cursor 自体は、CRLF と LF のみのどちらにも対応しています。初期設定の［Checkout Windows-style, commit Unix-style line endigs］は、Windows では CRLF にし、コミット時に LF となるよう自動変換する方法です。たいていはこれで大丈夫なのですが、たとえばアプリの設定ファイルの改行コードが変換されて問題が起きることもあります。その場合は**自動変換しない**［Checkout as-is,commit as-is］を選択してください。また、.attribute ファイルをリポジトリ直下に置いて、リポジトリごとに独立した設定にすることも可能です。

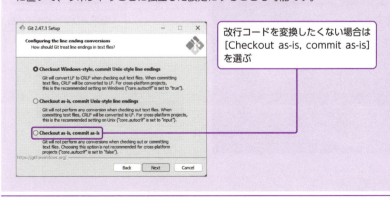

改行コードを変換したくない場合は [Checkout as-is, commit as-is] を選ぶ

GitHubアカウントを作成する

次はGitHubを利用するためのアカウントを作成しましょう。パソコン内でGitだけを使うならGitHubは不要ですが、共同作業のために使うことが多いので先に用意しておくことをおすすめします。アカウント取得（Sign Up）に必要なものはメールアドレスだけです。

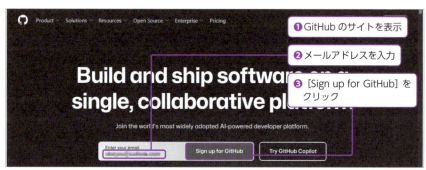

❶ GitHubのサイトを表示
❷ メールアドレスを入力
❸ [Sign up for GitHub] をクリック

https://github.com

パスワードとアカウント名を決めてから、ロボットではないことの認証を行うとアカウントが作成されます。ユーザー認証のメールが届いたら、リンクをクリックして認証してください。

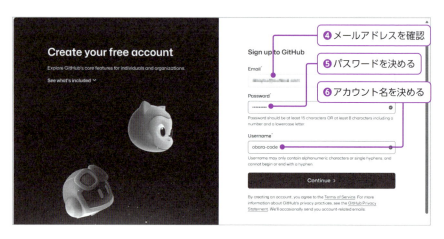

❹ メールアドレスを確認
❺ パスワードを決める
❻ アカウント名を決める

GitとGitHubのユーザー名を合わせる

　Gitを利用するときは「誰が変更したか」を記録するために、ユーザー名を決めておく必要があります。GitHubと併用する場合は、そのアカウント名に合わせることをおすすめします。

　Gitの設定を行うために、Windowsの場合はGit for Windowsに付属している**Git Bash（ギット バッシュ）**を起動しましょう。Git BashはWindows上でLinux風のコマンドライン操作を実現するツールです。macOSの場合は標準の**ターミナル**を起動して次ページの手順❹から行ってください。

❶スタートメニューの検索ボックスに「git」と入力

❷［Git Bash］をクリック

❸Git Bashのウィンドウが表示された

　Git Bashに次の2つのコマンドを入力してください。半角英数モードで、間違えないよう注意して入力しましょう。

```
git config --global user.name "ユーザー名"
git config --global user.email メールアドレス
```

❹ユーザー名（アカウント名）を設定するコマンドを入力し、[Enter]キーを押す

❺メールアドレスを設定するコマンドを入力し、[Enter]キーを押す

　これでGitを使いはじめる準備が整いました。Gitは本来ならGit Bashのようなコマンドラインツールで操作するもので、コミット／プル／プッシュなどの操作もコマンドで行います。しかし、Cursorのソース管理ビューを利用すれば、よく使う操作に関してはGUI（マウス操作）でも行うことができます。

　Gitのコマンド操作を説明しはじめるときりがないため、本書では上記のユーザー設定のみGit Bashでの操作を説明しました。コマンドラインツールの利用に抵抗のある方は、GitHub DesktopやSourcetreeなどのGUIツールの利用も検討してみてください。

・GitHub Desktop
　https://desktop.github.com/

・Sourcetree
　https://www.sourcetreeapp.com/

> Point **GUIでGitを操作するGitHub Desktop**

Gitを使う必要が出てきたがコマンドラインツールがどうも慣れない、もしくは一緒に作業するメンバーにコマンドラインツールの使い方から教えている時間がない場合は、GitHub Desktopをおすすめします。GitHub Desktopは、GitHubが無料で配布しているGUIのGitクライアントです。シンプルな画面ながら、ローカルリポジトリの作成、リモートリポジトリのクローン、プッシュ／プル、ブランチの作成／切り替え／マージなどほとんどの操作を行うことができます。

GitHub公式ツールなのでGitHubとの相性もよく、設定で悩むこともほとんどありません。初めてGitを使う人でも基本操作ならすぐ慣れるはずです。

GitHub Desktop

#標準機能 ／ #Gitの基本

section
03

ローカルリポジトリを作成する

1人で行う
バージョン管理

ローカルリポジトリを作成するには、まずローカルリポジトリを作成し、Cursorのソース管理ビューから利用してみましょう。

標準機能を使ってローカルリポジトリを作成する

　Cursorの標準機能を使って、ローカルリポジトリを作成します。まずはエクスプローラー（macOSではFinder）を使って、PC内の任意の場所にローカルリポジトリとするフォルダーを作成しておきます。名前は何でもかまいませんが、無用なトラブルを避けるために**半角英数字の名前**にしておきましょう。ここでは、［ドキュメント］フォルダーの直下に［cursor_repo］というフォルダーを作ることにします。次の手順に進む前に、このフォルダーの場所を覚えておきましょう。

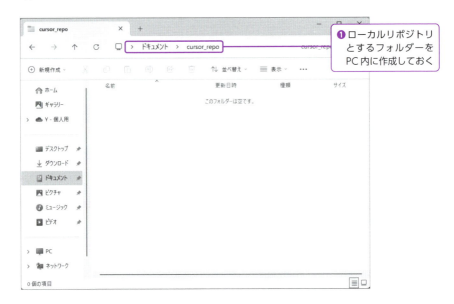

❶ローカルリポジトリとするフォルダーをPC内に作成しておく

　Cursorを起動します。メニューバーの［ファイル］-［フォルダーをワークスペースに追加］をクリックして、上の手順で作成した［cursor_repo］フォルダーを登録します。

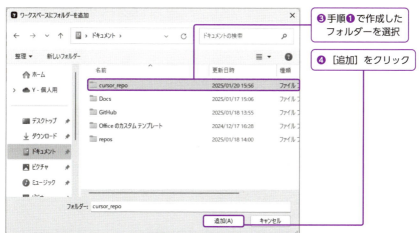

　Cursorに[cursor_repo]フォルダーを追加したら、続けて「リポジトリの初期化」を実行します。リポジトリの初期化は、任意のフォルダー内に「.git」という名前の隠しフォルダーを作る操作で、これを実行することによって、そのフォルダーをローカルリポジトリとして取り扱えるようになります。なお、ワークスペースに複数のフォルダーが登録されている状態でリポジトリの初期化を実行すると、すべてのフォルダーがローカルリポジトリになります。

　上の操作のあと、ローカルリポジトリとして設定した［cursor_repo］フォルダーの中身をエクスプローラーで開いても空のままで、何も変わっていないように見えます。以下のように操作して、隠しファイル／フォルダーを表示するように設定を変更すると、フォルダー内に［.git］という名前の隠しフォルダーが作られていることが確認できます。このフォルダーが、コミットを記録する領域となるので、Gitの使用中はこのフォルダーを誤って編集したり削除したりしないように注意してください。

　隠しフォルダーがあることを確認できたら、再度同じように操作して、隠しフォルダーを非表示に戻しておくことをおすすめします。

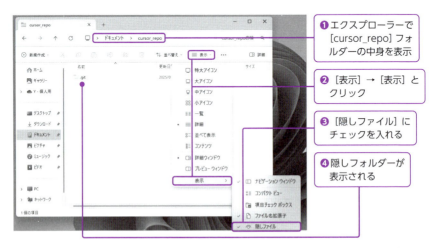

　macOSの場合は、Finderを表示して command + shift + . キーを押すと、隠しフォルダーの表示・非表示を切り替えられます。

section 04 ローカルリポジトリ上で作業する

#標準機能 ／ #Gitの基本

ローカルリポジトリ上で作業する

まずは「コミット」を理解

Cursorのソース管理ビューを操作しながら、ローカルリポジトリの基本操作を覚えていきましょう。

ファイルを作成してコミットする

ローカルリポジトリができたので、その中で作業していきましょう。ローカルリポジトリでの作業といっても、ファイルの作成／編集などは通常のフォルダー内で行う場合と変わりません。

［cursor_repo］フォルダー内にsample.htmlというファイルを作成してみましょう。

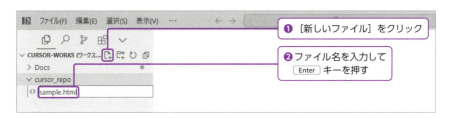

❶ ［新しいファイル］をクリック
❷ ファイル名を入力して Enter キーを押す

作成したファイルを見ると、エクスプローラービューやタブなどに「U」アイコンが表示されています。このUは**Untracked File（未追跡のファイル）** の略で、コミットされていないのでGitの管理外であることを示しています。

❸ 「U」が表示されている

ファイルを作成しただけの段階で、いったんコミットしてみましょう。ソース管理ビューに切り替えると、［変更］の下にsample.htmlが表示されています。このファイルをコミットに含めるために、**「変更をステージ」** という操作を行います。つまり、コミットするファイルは選択が必要なのです。

　変更をステージしたら、上部の入力欄に**コミットメッセージ**を入力してコミットします。コミットメッセージはコミットの内容を表すもので、あまり長くなくわかりやすいものにしましょう。ここでは「HTMLを作成」とします。

　コミットされると、ソース管理ビューから［変更］や［ステージされている変更］が消えます。新たに表示された［Branchの発行］というボタンは、ローカルリポジトリをGitHubに公開するためのものです。これについてはあとで説明します。

コミットメッセージをAIに生成してもらう

　Generate Commit Messageボタンを使用すると、コミットメッセージをAIに生成してもらうことができます。前述のとおり、コミットメッセージはコミット、変更の内容を端的に示す必要があるので、コミットのたびに考えるのは意外と面倒です。特に慎重を期してコミットを多用する人にとってはなおさらでしょう。こうした手間をAIを使って省くことができます。コミットメッセージを生成してもらうには、以下のように操作します。

　コミットメッセージが生成されます。ここではsample.htmlファイルの本文に、これがテストページであるという英文を追記していますが、メッセージの内容もこの追記内容を反映したものになっています。ただし、[Generate Commit Message]ボタンを使用した場合、生成されるメッセージの言語は、CursorやAI機能の言語設定にかかわらず英語になります。

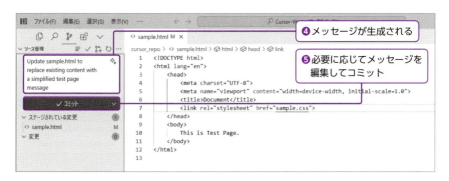

コミットメッセージを日本語で生成する

　日本語のコミットメッセージを生成してもらうには、CHATパネルかCOMPOSERパネルで「ステージ前の変更に対するコミットメッセージを生成して」といったプロンプトを入力、実行します。その際、@Symbols機能の@Commit (Diff of Working State)を使うことで、ステージ前の変更をAIに参照させることができます。

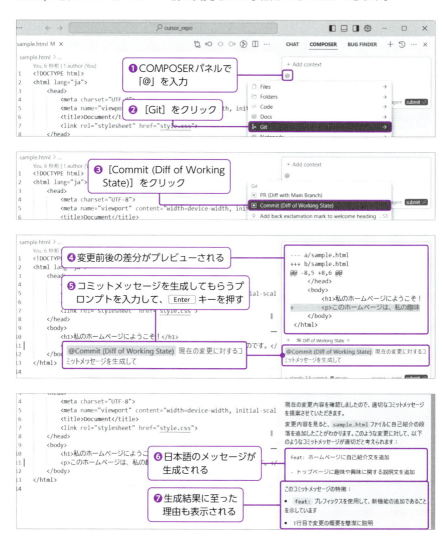

ファイルを編集してコミットする

次はsample.htmlの内容を書いてからコミットしましょう。Emmetを利用して基本のHTMLを書き込みます。変更したファイルを上書き保存すると、ソース管理ビューの［変更］にファイルが表示されます。また、今度は**Modified（変更された）** を意味する「M」アイコンが付いています。

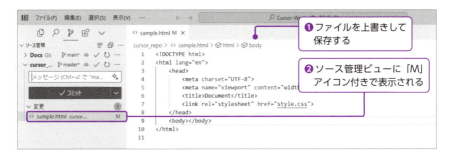

❶ファイルを上書きして保存する
❷ソース管理ビューに「M」アイコン付きで表示される

コミットの方法は同じです。変更をステージしてコミットメッセージを付けてコミットします。

❸［変更］のsample.htmlにマウスポインターを合わせる
❹［変更をステージ］（＋アイコン）をクリック

❺コミットメッセージを入力
❻［コミット］をクリック

タイムラインで変更履歴を確認する

　コミットしても画面上はほとんど変化がないので、正しくコミットされたのか不安ですね。コミット履歴はエクスプローラービュー（ソース管理ビューではありません）の**タイムライン**で確認できます。

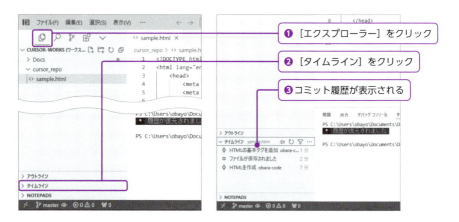

❶［エクスプローラー］をクリック
❷［タイムライン］をクリック
❸コミット履歴が表示される

　タイムラインのコミットをクリックすると、そのコミットで行われた変更内容が表示されます。これでどこがどう変わったのかを追うことができます。

❶コミットをクリック
❷変更前が左、変更後が右に表示される

複数の変更をまとめてコミットする

次は複数の変更をまとめてコミットしましょう。sample.cssを作成し、sample.htmlにlinkタグを追加した状態をコミットします。

ソース管理ビューに切り替えると、複数のファイルが表示されています。これらのファイルをすべてコミットしたい場合は、[変更]の[すべての変更をステージ]をクリックします。

　これでsample.cssの作成とsample.htmlの変更を、「CSSを追加」というメッセージ付きでコミットできました。

コミット前の変更を破棄する

　ファイルを誤って変更したことに気付き、前回のコミット状態まで戻したくなったときは、**変更を破棄**しましょう。ソース管理ビューで元に戻したいファイルを選び、次のように操作します。

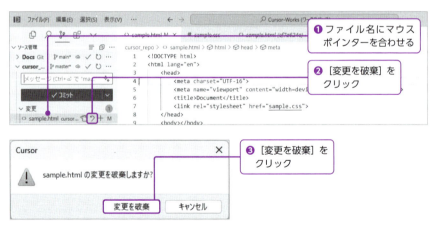

前回のコミットを取り消す

すでにコミットした変更を取り消すこともできます。ソース管理ビューのメニューを表示し、[コミット] - [前回のコミットを元に戻す] をクリックすると、コミット直前の状態まで戻すことができます。複数のコミットを取り消したい場合は、この操作を繰り返してください。

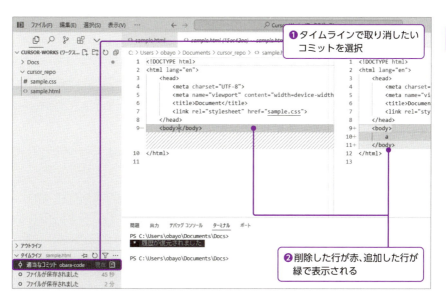

❺コミットする直前の状態に戻った

　上の手順の結果、コミット直前、ファイルがステージされている状態に戻りました。ステージ前に戻すには、ファイル上にマウスポインターを移動すると表示される［－］（変更のステージング解除）をクリックします。

> **Point**　**Officeファイルを Git で**
>
> Excel や Word などの Office ファイルを Git でバージョン管理することもできますが、その際に注意が必要なのが「~$」で始まる隠しファイルの扱いです。この隠しファイルは Office ファイルを開いている間に作られ、閉じると消えます。
> このような一時ファイルをコミットに含めるとさまざまなトラブルが起きるため、無視ファイル（.gitignore）に登録しておきましょう。以下に登録例を示します。
>
> ```
> ~$*.doc*
> ~$*.xls*
> ~$*.ppt*
> ```

section 05 ローカルリポジトリをGitHubに発行する

#標準機能 ／ #Gitの基本

ローカルリポジトリを
GitHubに発行する

ローカルから
リモートへ

ほかの人と共同作業を行うには、ローカルリポジトリをGitHubに発行してリモートリポジトリを作成します。

CursorとGitHubを連携する

　ソース管理ビューに［Branchの発行］というボタンが表示されていたことを覚えているでしょうか？　このボタンをクリックすると、ローカルリポジトリをもとにGitHub上にリモートリポジトリを作成することができます。この操作のことを**発行（publish）**といいます。以降の操作は、GitHubアカウントを作成し、Webブラウザでサインインした状態で行ってください。

　最初の発行時のみ、CursorとGitHubを連携するための画面が表示されます。

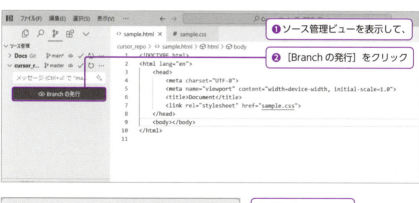

❶ソース管理ビューを表示して、
❷［Branchの発行］をクリック

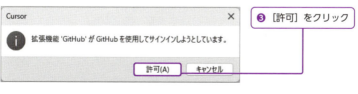

❸［許可］をクリック

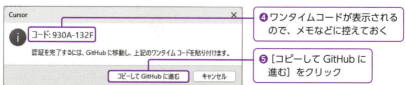

❹ワンタイムコードが表示されるので、メモなどに控えておく
❺［コピーしてGitHubに進む］をクリック

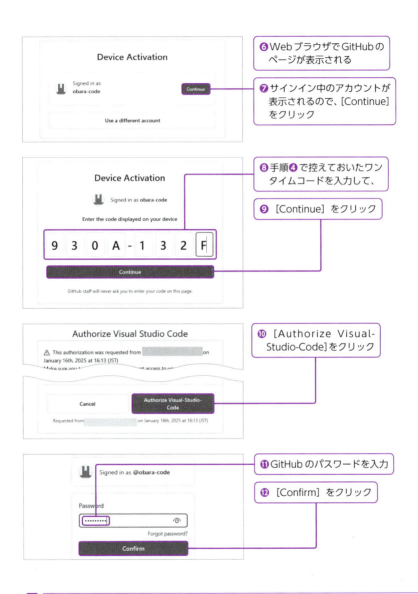

GitHubに発行する

　これで準備が整ったので、再度［Branchの発行］をクリックしましょう。リモートリポジトリを非公開（private）と公開（public）のどちらにするか選択できるので、必要なほうを選択してください。

section 05　ローカルリポジトリをGitHubに発行する

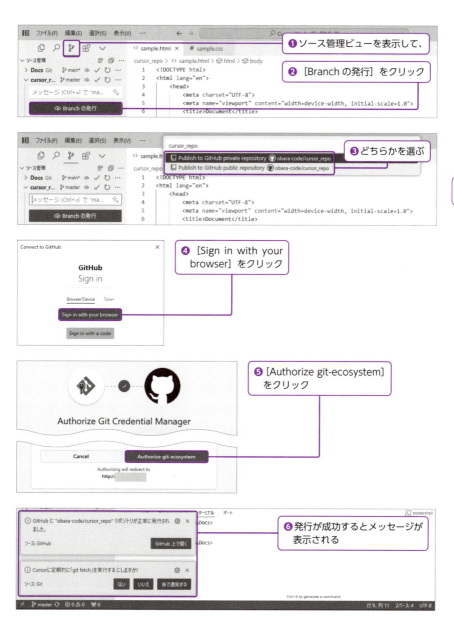

　発行の成功を伝えるメッセージが表示されます。「定期的に『git fetch』を実行するにしますか？」というメッセージに対しては、[はい]をクリックしてください。git fetchはリモートリポジトリ上の更新を確認するコマンドです。

#標準機能 ／ #Gitの基本

section
06

リモートリポジトリを
クローンする

リモートから
ローカルへ

先にリモートリポジトリが存在する場合、そこからローカルリポジトリを作成することをクローンといいます。

GitHubからクローンする

　先ほどはローカルリポジトリをGitHubに発行する方法を解説しました。しかし、先にGitHub上のリモートリポジトリを誰かが作っており、それと連携するローカルリポジトリを作成してから作業することも多いはずです。リモートリポジトリからローカルリポジトリを作成することを、**クローン**といいます。

　先ほどGitHubに発行したリモートリポジトリ（https://github.com/アカウント名/cursor_repo）をクローンします。ローカルリポジトリが複数あるとややこしいので、[cursor_repo]フォルダーを削除してから以降の操作を進めてください。

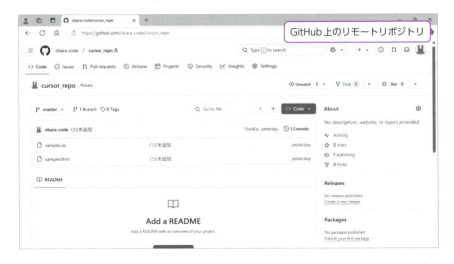

GitHub上のリモートリポジトリ

　フォルダーを閉じた状態でCursorのエクスプローラービューを開くと、[リポジトリの複製]というボタンが表示されます。クリックしてクローンしたいリポジトリを選択します。GitHubとの連携設定が済んでいない場合は、この段階でサインイン画面などが表示されます。225ページを参考に連携設定をしてください。

section 06　リモートリポジトリをクローンする

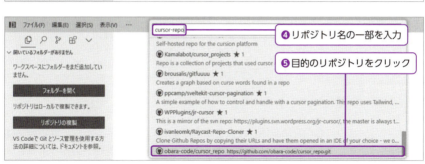

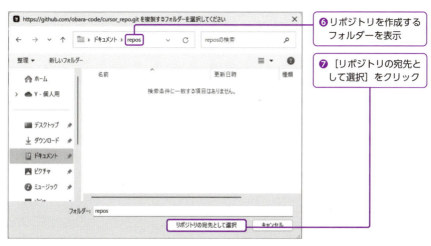

先ほど選択したフォルダー内を見ると、[cursor_repo]フォルダーが作られ、その中にsample.htmlとsample.cssも保存されています。

誤解のないように念のため説明しておきますが、リモートリポジトリの**クローンは何回も行う必要はありません**。今後はクローンによって作られたローカルリポジトリに対して作業してください。Cursorでフォルダーを閉じてしまった場合は、フォルダーを開く機能でローカルリポジトリを開けば作業を再開できます。

リモートリポジトリ側の変更をプルする

クローンしたローカルリポジトリでも、コミットなどの操作は変わりません。ただし、今後は自分のコミットを定期的にプッシュし、同時にほかの共同作業者が行ったコミットをプルする必要が出てきます。

テストのために、GitHub上でリモートリポジトリのファイルを編集してみましょう。リポジトリのページ（244ページ参照）に「sample.html」というファイル名があるので、それをクリックするとファイルが表示されます。ここで鉛筆アイコンをクリックするとファイルを編集できます。

section 06　リモートリポジトリをクローンする

6 CursorからGitを使ってみよう

247

これでリモートリポジトリ上のsample.htmlが更新されました。Cursorのステータスバーを見ると、更新アイコンの隣に「1↓0↑」と表示されています。これはプルすべきコミットが1つあり、プッシュすべきコミットが0であることを表しています。アイコンをクリックするとプルとプッシュが実行されます。

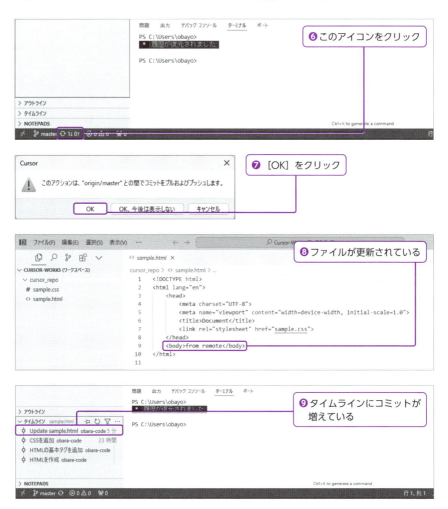

ローカルリポジトリ側の変更をプッシュする

次はローカルリポジトリ側でコミットしたものをプッシュしてみましょう。プルのときと同じように、ステータスバーのアイコンからプッシュすることもできます。

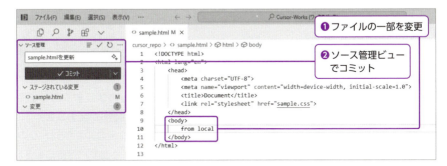

❶ ファイルの一部を変更
❷ ソース管理ビューでコミット

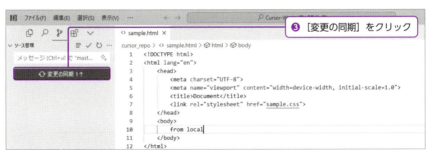

❸ ［変更の同期］をクリック

❹ ［OK］をクリック

プッシュ／プルのたびに確認メッセージが表示されますが、いちいち確認する必要もないので、慣れてきたら［OK、今後は表示しない］をクリックしてください。

プッシュ後にGitHub上のリモートリポジトリを表示すると、ファイルが更新されているはずです。

今回のようにプルしたあとで変更し、プッシュした場合は問題は起きませんが、複数の変更が並行して行われた場合はコンフリクト（競合）が発生することがあります。次の節でその解消方法を説明します。

#標準機能 ／ #Gitの基本

section 07 コンフリクトを解消する

コンフリクトは
あわてずに対処

複数人が同じファイルの同じ場所に変更を加えた場合、コンフリクト（競合）が起きることがあります。Cursor上で解消する方法を説明します。

コンフリクトとは

　複数人で作業していると、同じファイルに対して異なる変更を加えてしまうことがあります。同じファイルであっても、場所が離れていればGitがうまくすり合わせてくれるのですが、自動的に判断できない場合は**コンフリクト（競合）**が発生します。

　実際にコンフリクトを引き起こしてみましょう。Cursorでローカルリポジトリのsample.htmlを編集し、コミットだけして同期（プッシュ／プル）はせずに放置します。

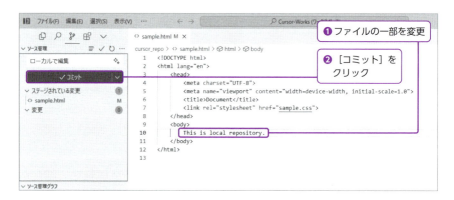

❶ ファイルの一部を変更
❷ ［コミット］をクリック

次にGitHubのリポジトリで、同じファイルの同じ場所を変更します。

❸ ファイルの同じ場所を変更

section 07 コンフリクトを解消する

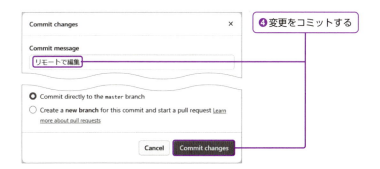
❹変更をコミットする

これで同じ場所に対して異なる変更がコミットされた状態になりました。この状態で同期（プッシュ／プル）を実行すると、コンフリクトが発生します。対象のファイルが自動的に開かれます。

❺［変更の同期］をクリック

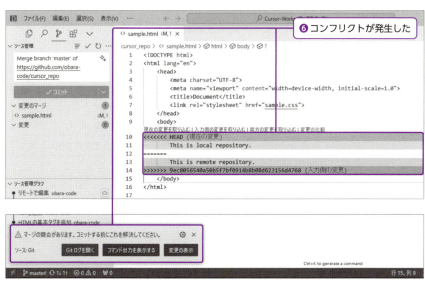
❻コンフリクトが発生した

コンフリクトを解消する

コンフリクトを起こした部分は、こちら（ローカル）側の変更内容が上（現在の変更）、リモート側の変更内容が下（入力側の変更）に表示されています。この部分を修正して、正しい状態にしてからコミットします。

```
 1  <!DOCTYPE html>
 2  <html lang="en">
 3      <head>
 4          <meta charset="UTF-8">
 5          <meta name="viewport" content="width=device-width, initial-scale=1.0">
 6          <title>Document</title>
 7          <link rel="stylesheet" href="sample.css">
 8      </head>
 9      <body>
    現在の変更を取り込む | 入力側の変更を取り込む | 両方の変更を取り込む | 変更の比較
10  <<<<<<< HEAD (現在の変更)
11          This is local repository.
12  =======
13          This is remote repository.
14  >>>>>>> 9ec8056540a50b5f7bf0914b8b08d623156d4768 (入力側の変更)
15      </body>
16  </html>
```

❶解決方法を選択

コンフリクトした部分の上にうすいグレーで、4つの選択肢が表示されており、これをクリックして解決することもできます。

・現在の変更を取り込む（こちら側の変更を残す）
・入力側の変更を取り込む（リモート側の変更を残す）
・両方の変更を取り込む（両方の変更を残す）
・変更の比較（変更箇所を表示する）

「両方の変更を取り込む」をクリックした場合、次のように両方の変更が残ります。

❷両方の変更を残した場合

今回はこれでコンフリクトが解決したことにして、コミットしましょう。ファイルを上書き保存してから、ソース管理ビューの「変更のマージ」の下に表示されているファイルをステージします。

section 07 コンフリクトを解消する

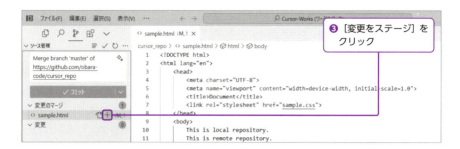

すでに「Merge branch……」というコミットメッセージが入っているので、そのままコミットし、リモートリポジトリと同期します。

これでコンフリクトが解消し、ローカルとリモートのリポジトリが同じ状態になりました。タイムラインを見ると、両者のコミットとマージコミットが確認できます。

AIにコンフリクトを解消してもらう

　ここまで見てきたように、リモートリポジトリとローカルリポジトリとの間で発生したコンフリクトは手動で解消できるだけでなく、AIに解消してもらうこともできます。手動では、いずれかの変更を残す、あるいはすべての変更を残すという、ある意味で機械的ともいえる解消方法が提示されますが、AIを使う場合はリモートとローカル、両方の変更内容を加味したうえで、よりよい解消方法を提示してくれる点が大きな違いです。

　対象となるファイルを指定したら、以下のプロンプトを入力して実行します。

プロンプトを実行すると、COMPOSERパネルにファイルのプレビューが表示されます。この中ではコンフリクトしている部分が赤く、AIによる解消の提案が緑で表示されます。例では、251ページと同様に本文の一部文字列がコンフリクトしていますが、その原因となっている2つの単語を「and」でつないで併記することを提案しています。

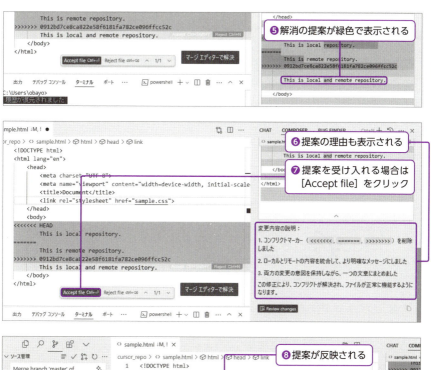

#標準機能 ／ #ブランチ

section 08 ブランチでコミット履歴を枝分かれさせる

ブランチの作成からマージまで

大きな機能追加などを行う場合は、ブランチを作成して作業することがあります。ここではブランチの基本操作を説明します。

ブランチを作成する

　ブランチはコミット履歴を枝分かれさせる機能です。プロジェクトに大きな変更を加えるときなどにブランチを作成しておけば、ブランチ単位で採用／却下を決めることができます。今回はCSSの編集を別ブランチで行うことにして、ブランチの基本操作を試してみましょう。

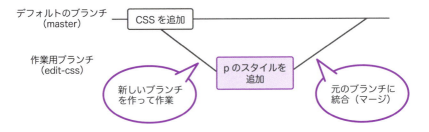

　なお、ブランチの作成や切り替えを行う際は、なるべくすべての変更をコミットした状態で行ってください。そうしないと、**コミットしていない変更が失われる**ことがあります（変更を一時退避する機能もありますが、使い方が難しいです）。
　Cursorのステータスバーに**現在のブランチ**が表示されています。ブランチの作成や切り替えをするときは、ここをクリックします。ソース管理ビューのメニューやコマンドパレットからも操作できますが、ステータスバーからの操作が一番手軽です。

256

このままstyle.cssを編集して、コミットしてみましょう。

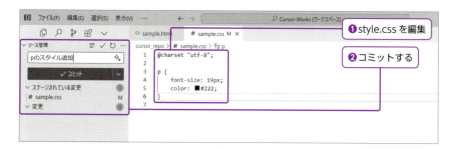

ブランチをマージする

まだ1回しかコミットしていませんが、CSSの編集が終わったことにして、デフォルトのブランチに**マージ（統合）**しましょう。まず、edit-cssブランチからデフォルトのmasterブランチに切り替えます。

masterブランチに切り替えると、先ほどsample.cssにコミットした内容が消えます。まだマージ前なのでedit-cssブランチで行った変更が反映されていないのです。

ソース管理ビューのメニューから、[マージ]を選択します。

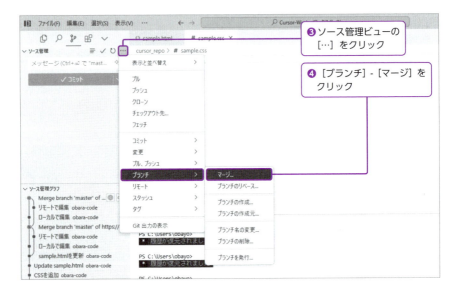

edit-cssブランチをmasterブランチに取り込んだ（マージした）結果、edit-ssブランチで行ったsample.cssの変更内容が反映されました。

> **Point** コマンドパレットでGitを操作する
>
> Gitコマンドに慣れている人なら、コマンドパレットを使ったほうが快適かもしれません。コマンドパレットに「merge」や「git」などのキーワードを入力すると、Gitの操作を実行できます。

#拡張機能 / #ブランチ

section 09 プルリクエストを利用してブランチをマージする

プルリクエストでレビューを依頼

プルリクエストはGitHubの機能の1つで、ブランチをマージする前に共同編集者に確認してもらうことができます。

プルリクエストとは

　前sectionで「問題がなければブランチをマージする」と説明しましたが、複数人で共同開発しているような場合、「問題がない」ことを話し合わなければいけません。そのための機能が**プルリクエスト**です。これはGitではなくGitHubの機能で、ブランチをマージする前にいったん保留しておき、確認（レビュー）の結果、問題ないとわかったらマージを実行します。

　以下はGitHub上のプルリクエストの例です。例なので1人でレビューして修正、マージしていますが、通常は複数人でレビューします。

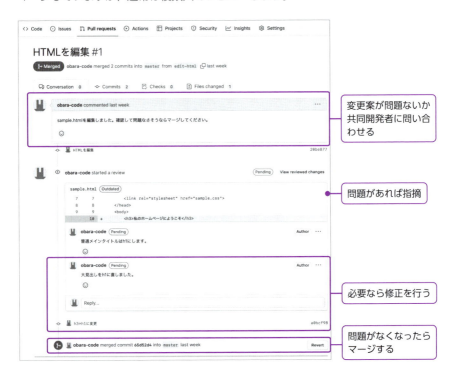

変更案が問題ないか共同開発者に問い合わせる

問題があれば指摘

必要なら修正を行う

問題がなくなったらマージする

一般的にプルリクエストはGitHubのWebページ上で利用しますが、**GitHub Pull Requests拡張機能**をインストールすると、Cursor上でプルリクエストを利用できるようになります。

MarketplaceでGitHub Pull Requestsを検索

　GitHub Pull Requests機能拡張をインストールすると、アクティビティバーにGitHubアイコンが追加されます。このアイコンをクリックすると表示される**GitHubビュー**で、最初にCursorとGitHubの連携設定を行います。

　連携設定の手順はsection 05とほぼ同じです。すでにローカルリポジトリをGitHubに発行したことがある場合（連携設定が済んでいる場合）は、この機能拡張のインストール直後から使用できます。

　GitHubビューでは、[PULL REQUESTS]で現在開いているリポジトリのプルリクエストを作成したり、状況を確認したりできます。[ISSUES]ではリポジトリのイシューの状況を確認できますが、本書では解説を割愛します。

プルリクエストを作成する

プルリクエストを作成するには、まず作業用のブランチを作り、そこに加えた変更をコミットします。流れに沿ってやってみましょう。

ファイルを変更してコミットします。

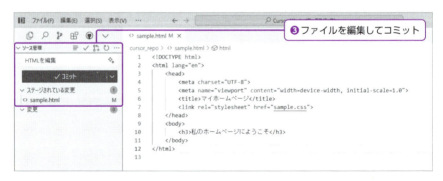

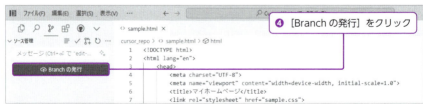

作業がひととおり終わり、すべてコミットしたら、プルリクエストを作りましょう。GitHubビューで操作します。

section 09　プルリクエストを利用してブランチをマージする

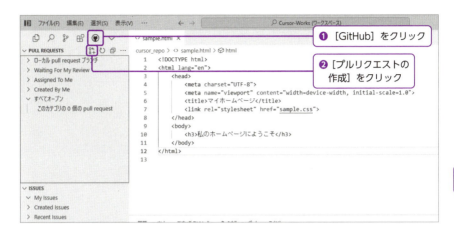

❶ [GitHub] をクリック
❷ [プルリクエストの作成] をクリック

作成ビューが表示されます。元のブランチや追加先のブランチが間違っていないか確認し、説明を入力します。

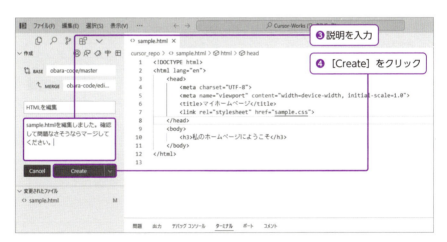

❸ 説明を入力
❹ [Create] をクリック

　新たなタブが開き、そこにプルリクエストの情報が表示されます。以降、この画面でコメントやコメントへの返信をしたり、ブランチのマージをしたりするので、作業が終わるまでは閉じないでおきましょう。
　なお、プルリクエスト情報のタブは、アクティビティバーのGitHubアイコンをクリックすると表示されるビューで、［PULL REQUESTS］→［自分が作成］→［（プルリクエストのタイトル）］と展開し、［説明］をクリックすると再表示できます。

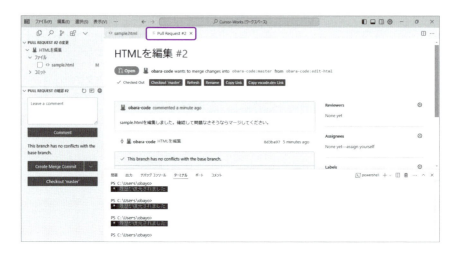

　この段階でGitHub上のリモートリポジトリを表示すると、プルリクエストが追加されていることが確認できます。

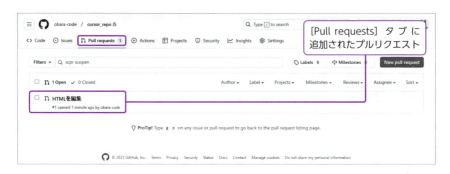

提案された変更をレビューする

　プルリクエストで提案された変更を確認する作業を**レビュー**といいます。プルリクエストを作成するとCursorは**レビューモード**に切り替わり、ファイルにコメントを付けることができます。
　特定の行にコメントを付けるには、行番号の隣あたりにマウスポインターを合わせると［+］マークが表示されるので、そのままクリックします。

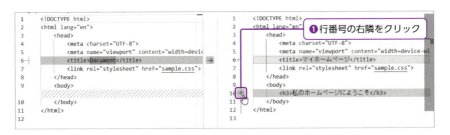

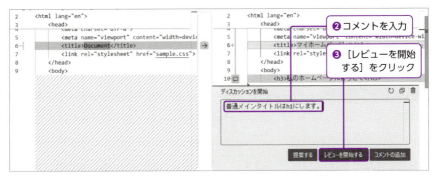

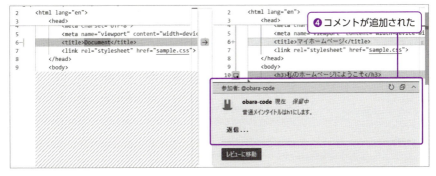

レビューコメントは自動的にGitHubと同期されるので、共同作業者も確認できます。

レビューコメントに対応する

　レビューコメントを見て、その指摘が納得できるものであれば、ファイルを修正しましょう。プルリクエストのブランチに対して、いつもどおりにファイルを修正し、コミットします。

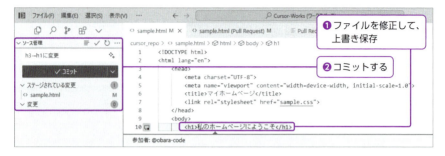

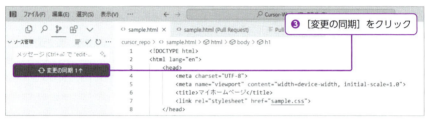

　修正したことをコメントしておきましょう。プルリクエスト情報の画面で、元コメントの [Quote Reply] をクリックして、返信のコメントを入力します。

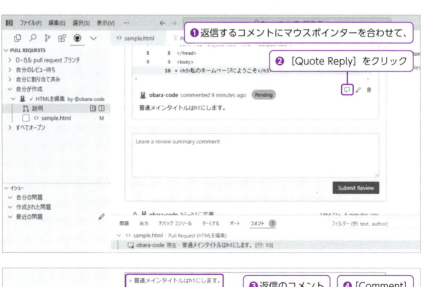

返信したコメントはプルリクエスト情報の画面で確認できることはもちろん、264ページのGitHubの画面でも確認できます。

AIに変更内容を評価してもらう

ブランチをメインブランチにマージする前に、プルリクエストのプロセスの中で修正した内容が本当に妥当なのか、念のため確認、評価しておきましょう。このような修正箇所のレビューは人力、目視で行ってもいいのですが、1人で作業している場合に限らず、複数人で共同編集している場合でも、できればマージ直前は第三者による客観的な視点でレビューし、その精度を高めたいというニーズもあることでしょう。こうしたニーズに応えるのが、AIによるレビューです。

以下では、プルリクエストの最終プロセスとして、AIによる変更箇所のレビューを行う手順を解説します。

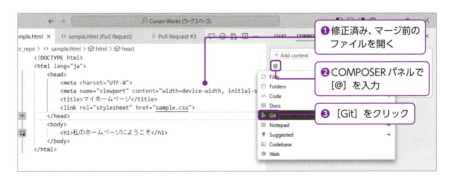

まずはCOMPOSERパネルで@Gitの［PR(Diff with Main Branch)］を選択して、作業中のブランチとデフォルトのブランチとの差分をAIに受け渡します。

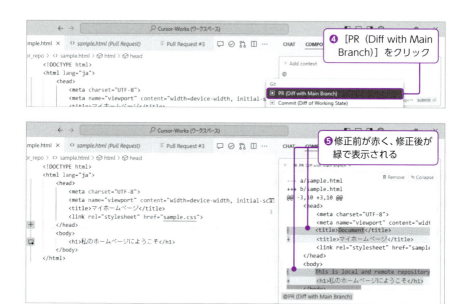

続けて、以下のようにプロンプトを入力して、実行します。ここでは、変更箇所の妥当性を評価するとともに、その根拠も示してほしいと指示します。

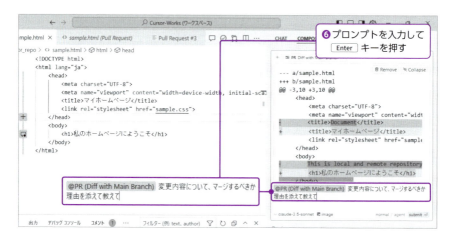

プロンプトを実行すると、まずは変更箇所が明示され、「マージ推奨」などのように、変更内容を踏まえたうえでのAIの判断結果が示されます。さらに、その判断に至った理由、場合によってはブランチ全体をよりよくするためのアドバイス、補足コメントなども表示されます。

ここでは変更箇所にフォーカスしてレビューしてもらうように指示するプロンプトを実行しましたが、結果は対象となるファイル全体に対する評価、アドバイスといえるものになりました。そのため、ここで表示された内容を熟読したうえで、最終的なマージの手順に進むことをおすすめします。

プルリクエストをマージする

　変更が問題ないということになったら、プルリクエストをマージしましょう。プルリクエスト情報の画面で［Merge Pull Request］をクリックします。

　マージが完了すれば、プルリクエストに使用したブランチは不要になるので、次のように操作して削除します。ここではプルリクエスト情報の画面からブランチを削除していますが、ソース管理ビューの［…］をクリックすると表示されるメニューから、［ブランチ］→［ブランチの削除］をクリックしても削除できます。

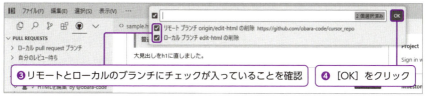

　これでプルリクエストから、ブランチのマージに至る作業が完了しました。プルリクエスト情報の画面最上部には、[Merged] というアイコンとともに、マージが済んだことを示すメッセージが表示されます。同様のアイコンとメッセージは、GitHubの画面にも表示されます。

　GitHub上で共同作業する場合、プルリクエストを使わずにブランチをマージすることはまずありません。たいていの作業は、プルリクエストを利用して相談しながら進めていきます。本書ではCursor上での操作のみ説明しましたが、GitHub上でのプルリクエストの使い方も体験しておくことをおすすめします。画面は異なりますが、レビューして、修正をコミットし、最後にマージしてブランチを削除する、という流れは変わりません。

#拡張機能 ／ #Gitの基本

section 10
GitLens拡張機能でさらにGitを便利にする

Gitをさらに快適に使う

GitLensは、Gitを補助する機能を追加してくれるとても便利な拡張機能です。Gitに慣れてきたらぜひ使ってみてください。

GitLens拡張機能でできること

標準のソース管理ビューを使っていると、なぜその場でコミット履歴を確認したり、ブランチを切り替えたりすることができないのだろうと不満に感じることがあります。その不満を解消してくれるのが、**GitLens（ギットレンズ）拡張機能**です。これをインストールするとソース管理ビューが大幅に強化されます。

MarketplaceでGitLensを検索

インストールするとアクティビティバーにGitLensアイコンとGitLens Inspectアイコンが追加されます。

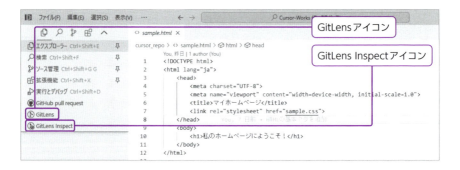

ただし、これらの2つのビューでできることはあまりありません。GitLens機能拡張の主な機能は、ソース管理ビューに追加されるGITLENSビューに集約されています。

なお、Cursorやその他の機能拡張の設定によっては、初めて前ページの2つのビュー、あるいはソース管理ビューに追加されるGITLENSビューを表示した際に、GitHubとの連携手続きが求められることがあります。この手続きは基本的に、225ページと同様に操作して進めます。

アクティビティバーの［GITLENS］をクリックすると表示されるビュー

アクティビティバーの［GitLens Inspect］をクリックすると表示されるビュー

ソース管理ビューの［GITLENS］を展開すると、ビューの切り替えボタンが表示される

　上図のGITLENSビューで切り替えできるビューの中で、よく使われるものは以下のとおりです。

ビュー名	機能
COMMITS	全体のコミット履歴を確認できる
BRANCHES	ブランチの一覧を表示し、切り替えることができる
REMOTES	リモートリポジトリの情報を確認、設定できる
STASHES	スタッシュ（変更を一時退避する機能）を利用できる
TAGS	コミットに付けたタグの一覧を表示できる
SEARCH & COMPARE	コミットをキーワードなどで検索できる

ビューを切り替える／分離する

　GITLENSビューに表示されている各ボタンをクリックすると、ビューの内容を切り替えることができます。また、［Refresh］ボタンをクリックすると、ビューに表示されている情報が最新の状態に更新されます。

❶GITLENSビューの［Remotes］ボタンをクリック

section 10 GitLens拡張機能でさらにGitを便利にする

なお、GITLENSビューで切り替えられるビューがすべてボタンとして表示されているわけではありません。一部のボタンは最初は隠されているので、以下のように操作して隠されているボタンを表示します。ここでは、隠れているSearch & Compareビューのボタンを表示します。

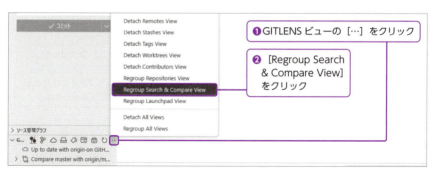

次からGitLensの主要な機能を確認しましょう。

コミット履歴を確認する

COMMITSビューによって、ソース管理ビューでコミット履歴を確認できます。標準のタイムラインビューでは選択中のファイルに関するコミット履歴しか見られませんでしたが、COMMITSビューには過去のすべてのコミット履歴が表示されます。

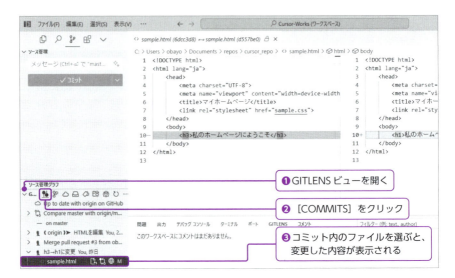

❶ GITLENS ビューを開く
❷ [COMMITS] をクリック
❸ コミット内のファイルを選ぶと、変更した内容が表示される

　一見、タイムラインビューの表示内容と似ているCOMMITSビューですが、前者は変更単位、後者は文字どおりコミット単位で履歴が表示されるという違いがあります。

ブランチ一覧を表示する

BRANCHESビューはブランチの一覧を表示するだけでなく、切り替えや作成、プルリクエストも行うことができます。

❶ GITLENS ビューを開く
❷ [BRANCHES] をクリック
◎が付いているのが現在のブランチ

切り替えたいブランチ名にマウスポインターを合わせ、[Switch to Branch] をクリックすると、そのブランチに切り替えることができます。

上と同様に、ブランチにマウスポインターを合わせると表示されるボタンから、未発行のブランチを発行したり、新たなプルリクエストを作成したりできます。

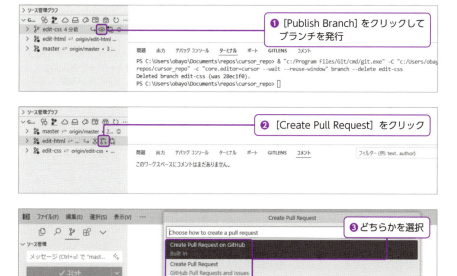

最後にコマンドパレットで選択しているのは、プルリクエストの作成をGitHubのページ上で行うか (Built in)、GitHub Pull Requests and Issues機能拡張を利用するかです。どちらでも好きなほうを選んでかまいません。

コミットを検索する

　コミットが増えてきて目的のものが見つけにくくなったら、**SEARCH & COMPARE ビュー**を使ってみましょう。コミットメッセージやコミットしたユーザー名で検索することができます。

　新たな検索をしたい場合は、[Dissmiss]をクリックします。

section 10　GitLens拡張機能でさらにGitを便利にする

行ごとに変更情報を表示する

　ファイルをながめていて、たまたまおかしな記述を見かけると、誰がいつこんな変更をしたのか知りたくなることがあります。そんなときに役立つのが**Current Line Blame機能**です。

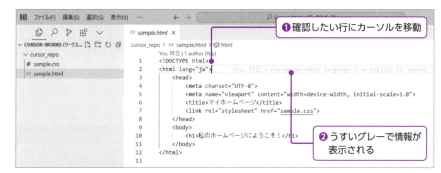

　その行に対して変更が行われたコミットや、どのような変更が行われたのか、誰がいつ変更したのか（自分自身の場合はYou）といった情報が確認できます。
　Blame機能はGitコマンドやGitHubにもありますが、確認するのが少々面倒でした。それをすぐに確認できるのが、GitLensの便利なところです。

Appendix

主なショートカット一覧

基本操作

Windows	Mac	説明
Ctrl + Shift + P	command + shift + P	コマンドパレットを開く
Ctrl + P	command + P	クイックオープンを開く
Ctrl + ,	command + ,	ユーザー設定画面を開く
Ctrl + M → Ctrl + S	command + R → command + S	キーボードショートカットを開く
Ctrl + Shift + W	command + shift + W	Cursorを閉じる

基本的な編集作業

Windows	Mac	説明
Ctrl + X	command + X	切り取り
Ctrl + C	command + C	コピー
Alt + ↑ または ↓	option + ↑ または ↓	カーソルがある行を上または下へ移動
Shift + Alt + ↑ または ↓	shift + option + ↑ または ↓	カーソルがある行を上または下へコピー
Ctrl + Shift + K	command + shift + K	行を削除
Ctrl + Enter	command + enter	下に行を挿入
Ctrl + Shift + Enter	command + shift + enter	上に行を挿入
Ctrl + Shift + \	command + shift + \	対応するブラケット（かっこ）へ移動
Ctrl +] または [	command +] または [	インデントを入れるまたははずす
Home または End	fn + ← または →	行頭または行末へ移動
Ctrl + Home または End	command + ↑ または ↓	ファイルの先頭または最終行へ移動
Ctrl + ↑ または ↓	ctrl + fn + ↑ または ↓	行単位でスクロールする
Alt + PgUp または PgDn	command + fn + ↑ または ↓	ページ単位でスクロールする
Ctrl + Shift + [	command + option + [	ブロックを折りたたむ
Ctrl + Shift +]	command + option +]	折りたたみを解除する
Ctrl + /	command + /	行コメントを切り替える
Alt + Z	option + Z	文字の折り返し設定を切り替える

検索と置換

Windows	Mac	説明
Ctrl+F	command+F	検索する
Ctrl+H	option+command+F	置換する
F3	command+G	次の検索結果に移動
Shift+F3	command+shift+G	前の検索結果に移動
Alt+Enter	command+Enter	検索にマッチしたすべてを選択

マルチカーソルと選択

Windows	Mac	説明
Alt+クリック	option+クリック	カーソルの追加
Ctrl+Alt+↑ または ↓	option+command+↑ または ↓	カーソルを上または下に挿入
Ctrl+U	command+U	最後のカーソル操作を取り消す
Shift+Alt+I	shift+option+I	選択した行の行末にカーソルを追加
Ctrl+Shift+L	command+shift+L	現在の選択と同じ出現をすべて選択する
Ctrl+F2	command+F2	カーソルがある単語と同じ出現をすべて選択する
Shift+Alt+→ または ←	ctrl+shift+command+→ または ←	選択を拡大または縮小する
Shift+Alt+マウスドラッグ	shift+option+マウスドラッグ	矩形選択をする

ナビゲーション

Windows	Mac	説明
Ctrl+T	command+T	ワークスペース内のシンボルへ移動する
Ctrl+G	control+G	指定行へ移動する
Ctrl+Shift+O	command+shift+O	ファイル内のシンボルへ移動する
F8 または Shift+F8	F8 または shift+F8	次または前のエラーに移動する
Alt+→ または ←	ctrl+_ または ctrl+−	次に進むまたは前に戻る

エディター管理

Windows	Mac	説明
Ctrl+W	command+W	タブを閉じる
Ctrl+M → Ctrl+W	command+R → command+W	すべてのタブを閉じる
Ctrl+Shift+T	command+shift+T	閉じたタブを再度開く
Ctrl+M → F	command+R → F	フォルダーを閉じる
Ctrl+¥	ctrl+option+command+¥	エディターを分割する
Ctrl+1 または 2 または 3	command+1 または 2 または 3	指定した番号のエディターグループにフォーカスする
Ctrl+M → Ctrl+← または →	command+R → command+← または →	左右のエディターグループにフォーカスする
Ctrl+Shift+PgUp または PgDn	command+R → command+shift+← または →	タブを左右に移動させる
Ctrl+PgUp または PgDn	option+command+← または →	タブ移動をする

ファイル管理

Windows	Mac	説明
Ctrl+N	command+N	無題のファイルを新規作成
Ctrl+O	command+O	ファイルを開く
Ctrl+R	control+R	最近開いた項目の履歴を開く
Ctrl+S	command+S	ファイルを保存
Ctrl+Shift+S	command+shift+S	ファイルに名前をつけて保存
Ctrl+M → S	command+option+S	すべてのファイルを保存
Ctrl+M → P	command+R → P	ファイルのパスをコピー
Ctrl+M → R	command+R → R	ファイルをエクスプローラー（ファインダー）で開く

表示

Windows	Mac	説明
`F11`	`control`+`command`+`F`	フルスクリーンの切り替え
`Shift`+`Alt`+`0`	`option`+`command`+`0`	エディターレイアウトの切り替え
`Ctrl`+`+` または `-`	`command`+`shift`+`+` または `command`+`-`	ズームイン、ズームアウト
`Ctrl`+`B`	`command`+`B`	サイドバー表示の切り替え
`Ctrl`+`Shift`+`E`	`command`+`shift`+`E`	エクスプローラーを表示する、フォーカスの切り替え
`Ctrl`+`Shift`+`F`	`command`+`shift`+`F`	検索ビューを開く
`Ctrl`+`Shift`+`G`	`control`+`shift`+`G`	ソース管理を開く、フォーカスの切り替え
`Ctrl`+`Shift`+`D`	`command`+`shift`+`D`	デバッグビューを開く、フォーカスの切り替え
`Ctrl`+`Shift`+`X`	`command`+`shift`+`X`	拡張機能ビューを開く、フォーカスの切り替え
`Ctrl`+`Shift`+`H`	`command`+`shift`+`H`	検索ビュー（置換）を開く
`Ctrl`+`Shift`+`J`	`command`+`shift`+`J`	検索ビューで検索詳細を切り替え
`Ctrl`+`Shift`+`U`	`command`+`shift`+`U`	出力パネルを開く
`Ctrl`+`Shift`+`V`	`command`+`shift`+`V`	マークダウンプレビューを開く
`Ctrl`+`K` → `V`	`command`+`K` → `V`	マークダウンプレビューを隣に開く
`Ctrl`+`M` → `Z`	`command`+`R` → `Z`	Zenモードの切り替え

主なAI機能のショートカット一覧

Windows	Mac	説明
Ctrl + Alt + B	command + option + B	AIペインを表示する
Tab	tab	Cursor Tabで候補を反映する
Esc	esc	Cursor Tabで候補を却下する
Ctrl + K	command + K	Command K機能を起動する
Esc	esc	Command K機能を閉じる
Ctrl + L	command + L	エディターの選択時、チャットを開始する
Ctrl + Backspace	command + delete	AIの生成を中断する
Ctrl + Enter	command + return	プロンプトの入力時、プロジェクト全体を参照させる
Ctrl + Alt + P	command + option + P	プロンプトの入力時、参照するファイルを追加する
Ctrl + N	command + N	CHATまたはCOMPOSERパネルの選択時、新しいChatまたはComposerを開く
Ctrl + Shift + E	command + shift + E	エラー箇所にポップアップが表示されたとき、Fix in Chatを起動する
Ctrl + Shift + D	command + shift + D	エラー箇所にポップアップが表示されたとき、Fix in Composerを起動する
Ctrl + Shift + Y	command + Y	Fix in Composerで提案されたコードを反映する
Ctrl + Backspace	command + delete	Fix in Composerで提案されたコードを却下する
Ctrl + Alt + L	command + option + L	COMPOSERパネルを開いているとき、Composerの履歴を見る
Ctrl + Shift + K	command + shift + K	Composerをバーで開く

INDEX

記号
@Symbols	44, 138, 234
.code-workspace	56, 95, 100

アルファベット
AIコードエディター	12
AIペイン	36, 78
Auto Rename Tag	164
Auto Save	27, 92
BRANCHESビュー	276
BUG FINDER	80
C#	117
Chat	43, 79, 211
Codebase Answers	211
Cohere	168, 171
Command K	43, 134, 177
COMMITSビュー	276
Composer	42, 128, 168, 175
CSS Peek	156
CSSセレクター	144
Current Line Blame	279
Cursor Tab	41, 136, 177
Debug with AI	180
Emmet	142
Fix Lints	154
Git	216, 222
Git Bash	225
GitHub	218, 224
GitHub Copilot	13
GitHub Desktop	227
GitHub Pull Requests	220, 261
GitHub Pull Requests and Issues	277
GitHubビュー	261
GitLens	221, 272
HTML CSS Support	165
Image preview	160
Intellisense	193, 196
JavaScript	102, 198
JPG形式	71
JSON	102
Live Server	124
LLM	14, 174
Markdown記法	66
Marketplace	24, 116
MiniMap	36
Modified	235
PNG形式	71
Prettier	148
publish	241
Python	182, 210
SEARCH & COMPAREビュー	278
settings.json	27, 94, 96, 103
Untracked File	231
UTF-8	38
WordPress Snippet	166
Zenモード	37

あ行
アクティビティバー	30
アロー関数	200
インデント	39, 65
ウォッチ式	189
エクスプローラービュー	31, 46
エディター	32
エディターグループ	35
エンコード	38

か行
改行コード	223
隠しファイル	230, 240
拡張機能	24, 116
カラーテーマ	93, 99
カラーピッカー	147
キーバインド	113
キーボードショートカット	112
強調	68
行の高さ	86
行番号	90
クイックオープン	201
クイックフィックス	206
矩形選択	65
グループ化	146
クローン	244
言語拡張機能	197
言語サーバー	210
検索・置換	72
検索ビュー	73
コード規約	138
コード補完機能	106, 193
コールスタック	189
コマンド	26, 82
コマンドパレット	26, 82, 259
コマンドプロンプト	185
コミット	217, 231
コミットメッセージ	232, 234
コメント	109

コンフリクト	220, 250	

さ行

サイドバー	31
サムネイル	160
自動保存	92
シフトJIS	38
ショートカット	83, 112
シンボルの名前変更	209
ステータスバー	38
ステップアウト	187
ステップイン	187
ステップオーバー	187
ステップ実行	185
スニペット	193, 197
正規表現	76
設定ID	28, 103, 108
選択範囲の追加	58
ソース管理ビュー	216, 219

た行

ターミナル	185, 225
タイムライン	31, 236
タイムラインビュー	276
チートシート	146
テーブル	68
デバッグ	180
デバッグツールバー	185
デバッグビュー	188

は行

バージョン管理	216
発行	241
パネル	185
ピークウィンドウ	202
ピーク表示	156, 202
ファイル比較	64
フォーマッタ	148
フォルダー	46
フォルダー設定	94
フォント	86
フォントサイズ	88, 103
プッシュ	217, 249
ブランチ	217, 256
プル	217, 246
プルリクエスト	218, 260
ブレークポイント	183, 190
プレースホルダー	199
プレビュー	47, 67, 126, 161
プロンプト	42, 78, 132
変更履歴	236
変更をステージ	231
変更を破棄	238
ホバー表示	159

ま行

マージ	218, 257, 270
マルチルートワークスペース	56
文字コード	38

や行

ユーザー設定	94
ユーザー設定画面	83, 86

ら行

ライブリロード	125
リスト	68
リファクタリング	206
リファクタリングアクション	207
リポジトリ	216
レコメンド	119
レビュー	264
レビューコメント	265
レビューモード	264
ローカルサーバー	124
ローカルリポジトリ	216, 228

わ行

ワークスペース	54, 95, 99

■著者

リブロワークス

「ニッポンのITを本で支える！」をコンセプトに、IT書籍の企画、編集、デザインを手がける集団。デジタルを活用して人と企業が飛躍的に成長するための「学び」を提供する（株）ディジタルグロースアカデミアの1ユニット。SE出身のスタッフが多い。最近の著書は『ゲームで学ぶPython！ Pyxelではじめる楽しいレトロゲームプログラミング』（技術評論社）、『Copilot for Microsoft 365 ビジネス活用入門ガイド』（SBクリエイティブ）、『AWS1年生クラウドのしくみ』（翔泳社）、『自分の可能性を広げる ITおしごと図鑑』（くもん出版）など。
https://libroworks.co.jp/

■スタッフリスト

カバーデザイン	西垂水 敦・岸 恵里香（krran）
カバーイラスト	山田 稔
本文デザイン・DTP	リブロワークス
校正	株式会社トップスタジオ
制作担当デスク	柏倉真理子
デザイン制作室	今津幸弘
編集協力	吉田真奈
副編集長	田淵 豪
編集長	柳沼俊宏

■商品に関する問い合わせ先

このたびは弊社商品をご購入いただきありがとうございます。本書の内容などに関するお問い合わせは、下記のURLまたは二次元バーコードにある問い合わせフォームからお送りください。

https://book.impress.co.jp/info/

上記フォームがご利用いただけない場合のメールでの問い合わせ先
info@impress.co.jp

※お問い合わせの際は、書名、ISBN、お名前、お電話番号、メールアドレス に加えて、「該当するページ」と「具体的なご質問内容」「お使いの動作環境」を必ずご明記ください。なお、本書の範囲を超えるご質問にはお答えできないのでご了承ください。

- 電話やFAXでのご質問には対応しておりません。また、封書でのお問い合わせは回答までに日数をいただく場合があります。あらかじめご了承ください。
- インプレスブックスの本書情報ページ https://book.impress.co.jp/books/1124101125 では、本書のサポート情報や正誤表・訂正情報などを提供しています。あわせてご確認ください。
- 本書の奥付に記載されている初版発行日から3年が経過した場合、もしくは本書で紹介している製品やサービスについて提供会社によるサポートが終了した場合はご質問にお答えできない場合があります。

■落丁・乱丁本などの問い合わせ先
FAX 03-6837-5023
service@impress.co.jp
※古書店で購入された商品はお取り替えできません。

Cursor 完全入門
エンジニア&Webクリエイターの生産性がアップするAIコードエディターの操り方

2025年3月21日 初版発行

著　者	リブロワークス
発行人	高橋隆志
編集人	藤井貴志
発行所	株式会社インプレス
	〒101-0051　東京都千代田区神田神保町一丁目105番地
	ホームページ　https://book.impress.co.jp/
印刷所	株式会社暁印刷

本書は著作権法上の保護を受けています。本書の一部あるいは全部について（ソフトウェア及びプログラム含む）、株式会社インプレスから文書による許諾を得ずに、いかなる方法においても無断で複写、複製することは禁じられています。

ISBN 978-4-295-02139-1　C3055

Copyright © 2025 LibroWorks. All rights reserved.

Printed in Japan